HOMO ENERGETICUS

Stéphane Sarrade

HOMO ENERGETICUS

Pour une transition bas carbone

humenSciences

ISBN : 978-2-3793-1692-0

Dépôt légal : octobre 2023

170 bis, boulevard du Montparnasse, 75014 Paris
Tél. : 01 55 42 84 00
www.humensciences.com

SOMMAIRE

À Hugo et Ruben,
Mes grands garçons, pour toujours...

UN CONSTAT SANS APPEL...

Canicules à répétition, sécheresses récurrentes, événements climatiques extrêmes, incendies catastrophiques... chaque année qui passe annonce de nouveaux records funestes. Ce que la science nous apprend, c'est que les faits sont têtus et qu'une théorie pour expliquer un phénomène n'a pas de valeur tant qu'elle n'est pas validée par l'expérience. Pour bien appréhender la trajectoire énergétique dans laquelle nous nous inscrivons depuis plusieurs millénaires, il faut se confronter à ses conséquences possibles. À titre personnel, j'ai pu les expérimenter grâce à une journée passée au cœur de la Death Valley, en Californie.

Au nord de la Sierra Nevada, cette vallée de plusieurs dizaines de kilomètres de large est encadrée par des sommets culminant à 2 000 mètres. Dans cette région particulièrement inhospitalière, un endroit m'a profondément marqué, le site de Badwater, littéralement « eau mauvaise ». Alors que le fond de la vallée est presque entièrement recouvert de sel, quelques mètres carrés d'eau saumâtre subsistent au pied d'une falaise vertigineuse.

À 86 mètres au-dessous du niveau de la mer, la chaleur y est extrême.

Ici, la station météorologique locale a relevé, le 10 juillet 1913, la température la plus élevée jamais enregistrée à la surface de la Terre : + 56,7 °C*.

Au bout d'un kilomètre à peine, l'impression de progresser sur un miroir surchauffé devient oppressante. En réalité, je marchais sur le lac Manly, aujourd'hui disparu. Il y a 10 000 ans de cela, ce lac profond de 150 à 200 mètres occupait la majeure partie de la vallée. L'augmentation de la température et des effets climatiques locaux a conduit à l'évaporation de l'eau jusqu'à la disparition définitive du lac. Le sel s'est progressivement cristallisé et s'est mélangé définitivement à la terre.

Dans ce monde minéral, la température élevée, couplée à un air dépourvu d'humidité, implique pour un être humain de boire 5 litres d'eau par jour s'il veut survivre. Avec moins de 50 millimètres de précipitations annuelles, la vie est rare et seulement deux cents personnes habitent cette région.

J'avais l'impression d'être sur une autre planète, dont la beauté effrayante viendrait de l'absence quasi-totale de vie. L'inverse de notre Terre.

La carence en eau se traduit immédiatement par la quasi-disparition de la vie végétale et animale, et l'impossibilité de voir émerger une quelconque civilisation humaine. Ne l'oublions pas, l'eau est un élément

* Des températures supérieures à 54 °C ont été mesurées de façon fiable à cet endroit en 2020, 2021 et 2023.

indispensable à la vie, biologique et sociale. Les premières cités se sont développées au bord des fleuves et des océans, sources de nourriture et d'énergie, mais aussi vecteurs de transport maritime et de rencontres.

Et si le futur de notre planète ressemblait à cette vallée de la Mort ?

C'est la question que je me posais en rejoignant le seul site hôtelier de la région. Ce complexe touristique était doté d'une piscine de taille considérable, d'un parcours de golf avec des greens immaculés, car régulièrement arrosés, et d'une climatisation tournant à plein régime. Un contraste saisissant ! Le mode de vie proposé à la clientèle était violemment contradictoire avec l'environnement et, quand cela arrive, la rupture semble inéluctable.

Nous y sommes.

La prise de conscience est relativement récente et pas forcément partagée par tous. Or l'énergie n'est pas infinie et notre façon de l'extraire et de la consommer impacte le changement climatique.

L'énergie est un sujet passionnant car il est à la fois complexe et très concret, il fait partie de notre quotidien. Il est éminemment multifactoriel, et entrelace la science, la technologie, l'économie et la société. La fameuse « transition énergétique » montre à quel point la question de l'énergie est avant tout sociale. Ce qui signifie qu'elle est entre nos mains.

Retour à la vallée de la Mort.

En mode survie, la « règle des trois » stipule que nous pouvons vivre trois minutes sans respirer, trois jours sans boire, trois semaines sans manger[1] et trois ans sans interaction avec un autre être humain, avant de sombrer irrémédiablement dans la folie liée à la solitude*...

Homo sapiens est arrivé à un moment de son histoire où ses besoins vitaux, qui consomment déjà de l'énergie à des intensités différentes, vont devenir difficiles à assurer. Le simple fait de respirer commence à s'avérer compliqué à divers endroits de la planète. Des collègues chercheurs expatriés à New Delhi ou à Pékin m'ont raconté que lors des week-ends de pollution atmosphérique drastique, ils restent calfeutrés dans leur appartement doté de filtres à particules et d'un système de circulation d'air piloté par un moteur électrique.

L'eau ? À l'heure actuelle, il faut beaucoup d'énergie, électrique ou thermique, pour produire de l'eau potable, en particulier par dessalement de l'eau de mer. Il s'en produit à ce jour quotidiennement[2] bien plus que de barils de pétrole[3] et cela ne risque pas de diminuer**, les zones de stress hydrique étant en progression constante.

Se nourrir a toujours demandé à *Homo sapiens* beaucoup d'énergie. D'abord humaine lorsqu'il était chasseur-cueilleur, puis animale quand il a commencé à se sédentariser pour développer l'agriculture et l'élevage. Il a ensuite maîtrisé le vent et les cours d'eau pour augmenter sa productivité et bâtir les premières civilisations. Avec plus de huit milliards d'habitants, produire et transformer

---

* En pratique, nous pouvons vivre plus de quarante jours sans nous alimenter si nous continuons à boire abondamment.

** Environ 50 millions de mètres cubes d'eau potable sont produits quotidiennement dans le monde par dessalement d'eau de mer, contre 15 millions de mètres cubes de pétrole.

des matières agricoles est une priorité énergétique et, intuitivement, cette démographie galopante ne va pas dans le sens d'une décroissance.

Quant à la sociabilité, aussi indispensable à *Sapiens* que la nourriture et l'eau, elle est maintenant fortement conditionnée à l'utilisation de systèmes numériques, à travers les réseaux sociaux et autres, qui sont de grands consommateurs d'énergie, quoi qu'en disent leurs promoteurs. Le futur sobre grâce à la sédentarité que permet le numérique, promis par les milliardaires du domaine, risque surtout de consommer beaucoup d'énergie, peut-être même encore plus que ce que nous pouvons imaginer.

Le constat est sans appel. Si l'énergie est au cœur de nos besoins vitaux, pour que l'espèce humaine puisse vivre durablement dans son écosystème terrestre, il nous faut maintenant réfléchir ensemble aux solutions.

Dans cet ouvrage, je raconte cet appétit insatiable d'*Homo sapiens* pour l'énergie qui a permis son développement et son succès évolutif. J'ai même le sentiment que notre bon vieil *Homo sapiens* est remplacé, depuis deux cents ans, par *Homo energeticus*, celui qui a développé un mode de vie fondé sur l'utilisation d'une énergie considérée comme inépuisable. Erreur (fatale ?).

Dans les pages qui vont suivre, nous allons tenter de comprendre d'où vient *Homo energeticus* et surtout imaginer jusqu'où il pourrait aller. Le successeur d'*Homo sapiens* est maintenant à la croisée des chemins car son adaptation aux nouvelles conditions d'existence sur sa planète va lui demander de changer radicalement son mode de vie.

Chronique annoncée d'une rupture qui, bien qu'urgente, va exiger un temps d'adaptation.

Ce livre n'est pas un réquisitoire contre *Homo energeticus*, ni un objet d'autoflagellation. C'est une invitation nourrie par des rencontres et des expériences humaines à réfléchir avec un angle de vue différent et à remettre en perspective des certitudes qui ont la vie dure. Comme beaucoup de personnes, je n'aime pas donner des leçons et j'aime encore moins en recevoir.

Au jour du Jugement dernier, mon bilan carbone me sera sûrement reproché du fait de ma carrière de chercheur globe-trotteur, alors, si j'ai pu le valoriser en partageant avec vous ces réflexions, mon purgatoire me sera plus supportable…

1

DE LA RÉVOLUTION COGNITIVE À LA RÉVOLUTION INDUSTRIELLE

C'était une douce soirée de juin entre amis, en bord de Seine.

Nous étions réunis dans la maison familiale d'Alain, à quelques encablures de Rouen. Dans ce jardin les pieds dans l'eau, nous avions partagé un repas roboratif et des vins délicats. La nuit enfin tombée, les plus jeunes avaient rejoint leurs chambres et les plus grands s'étaient naturellement regroupés autour du barbecue déclinant. Au-dessus des braises encore vives qui nous protégeaient de la fraîcheur de la Seine et nous offraient la lumière suffisante pour continuer à discuter de questions forcément existentielles, j'observais autour de moi les visages souriants et je repensais à ma lecture de *Sapiens* le fameux livre de l'historien Yuval Noah Harari sur nos origines[1].

L'homme moderne garde sûrement, au fond de son cerveau reptilien, la nostalgie inconsciente de ce feu salvateur qui lui a procuré sécurité, chaleur et lumière dans un environnement particulièrement hostile.

La maîtrise de l'énergie a débuté il y a 800 000 ans lorsque nos ancêtres ont réussi à domestiquer le feu. À partir de 300 000 ans, *Homo sapiens* et ses cousins *Erectus* et Néandertal ont commencé à utiliser quotidiennement le feu de bois, ce qui les a singularisés des autres animaux et leur a offert un avantage évolutif certain. Cette énergie qu'il a appris à utiliser, *Homo sapiens* y a développé une addiction... sévère. Le terme « addiction » peut sembler fort jusqu'à ce que l'on tombe sur la définition qu'en donne *Le Larousse médical* : « L'addiction est un processus par lequel un comportement humain permet d'accéder au plaisir immédiat tout en réduisant une sensation de malaise interne. Il s'accompagne d'une impossibilité à contrôler ce comportement en dépit de la connaissance de ses conséquences négatives. » La notion de plaisir immédiat associé à l'énergie est présente aux premières heures de l'humanité. Ce n'est que très récemment dans l'histoire que nous nous sommes rendu compte des conséquences négatives de l'usage débridé que nous faisions de l'énergie.

Pourquoi notre espèce est-elle avide d'énergie, au point d'évoluer maintenant vers le stade d'*Homo energeticus* ?

Lors de mes études en microbiologie à l'université de Montpellier à la fin des années 1980, alors que nous étudiions la fermentation alcoolique, mon professeur m'interrogea sur la raison d'être de *Saccharomyces cerevisiae*, la levure de boulanger qui entre aussi dans le processus de production de la bière : « Que font les levures, sans besoin de réfléchir, quand on leur en donne la possibilité ? » Devant mon air un peu ébahi, il me donna une réponse simple qui fit ricaner mes condisciples : « Elles se reproduisent et prolifèrent, exactement comme les êtres humains. » Bref, l'être humain poursuit le même but biologique qu'une levure de boulanger. Et pour proliférer, il a lui aussi besoin d'énergie, qu'il lui faut trouver, voire maîtriser, dans son environnement.

Avant d'explorer l'histoire de l'Homme et de sa passion addictive pour l'énergie, il n'est pas inutile de mettre au clair quelques concepts de physique, parfaitement accessibles, rassurez-vous. Commençons par donner une définition simple de l'énergie. J'aime beaucoup celle proposée par mon collègue Greg de Temmerman au mensuel *Sciences et Vie* pour son hors-série dédié au futur de l'énergie auquel j'ai également collaboré : « La mesure de la capacité d'un système à produire un travail, et donc à agir sur son environnement[2]. » Qu'elle soit considérée sous un prisme scientifique ou dans sa dimension spirituelle chère à Henri Bergson[3], l'énergie garde la même capacité, majeure, unique, celle de transformer notre environnement. L'énergie de la foi permet de déplacer des montagnes, paraît-il ; de même le sucre apporte aux levures que j'évoquais plus haut, l'énergie sous forme chimique qui leur permet de proliférer et de produire de l'éthanol, un sous-produit qui intéresse le genre humain, mais qu'il convient de consommer avec modération...

En physique donc, l'énergie se mesure en joules (J) et elle est associée à la notion de travail, de force et de durée. Les échanges d'énergie sont ainsi caractérisés non seulement par la quantité d'énergie transférée ou transformée, mais aussi par la durée du processus. La notion de puissance est la quantité d'énergie échangée par unité de temps, et l'unité de puissance, le watt (W), s'exprime alors en joule par seconde. Mais le joule est une unité souvent trop petite pour caractériser tous nos usages quotidiens. C'est pourquoi vos factures d'électricité utilisent le kilowattheure (kWh), la quantité d'énergie mise en jeu par un appareil d'une puissance de 1 000 watts pendant un délai d'une heure*.

Quand vous tapez sur un clou à l'aide d'un marteau par exemple, l'énergie est le travail de la force que vous délivrez et plus cela dure longtemps, plus la transformation obtenue sera importante. Du moins, je l'espère pour vous. Plus sérieusement, l'énergie produit de la chaleur, un mouvement ou bien un rayonnement magnétique. On la retrouve partout[4].

Il y a d'abord l'énergie chimique, contenue dans les liaisons chimiques des molécules. Nous en sommes avides puisque les aliments, et donc les lipides, glucides et protéines, contiennent leur équivalent en joules. Lorsque vous faites un effort physique prolongé, c'est en particulier le glucose et ses dérivés qui vont fournir l'énergie nécessaire, c'est pourquoi il est communément dit que le sucre est l'aliment du muscle. Et bien sûr, non consommé, le sucre est stocké et peut amener au problème de surpoids.

* Pour les personnes intéressées, 1 kilowattheure vaut donc 3,6 mégajoules.

Restons dans l'univers de la cuisine avec l'énergie thermique, intimement liée à la production de chaleur. Si vous chauffez suffisamment une casserole remplie d'eau, les molécules de H_2O vont s'agiter et ce mouvement aléatoire lié à l'énergie cinétique permet l'échauffement du système et donc la transformation de l'eau liquide en vapeur d'eau. Il est aussi possible de bouger dans une direction définie et de mobiliser de l'énergie cinétique : plus on va vite à vélo, plus l'énergie en cas de choc sur la route sera grande. Se déplacer du fait de la gravité terrestre et générer de l'énergie potentielle dépend du positionnement des objets. Plus l'alpiniste tombe de haut, plus dure sera sa chute, l'énergie de l'impact pouvant être fatale. La combinaison de deux types d'énergie, cinétique et potentielle, donne l'énergie mécanique. Bien sûr, il y a aussi l'énergie radiative, un terme pas très usité dans la vie de tous les jours et pourtant… il s'agit du rayonnement solaire. Une partie de ce rayonnement électromagnétique est visible, c'est tout simplement la lumière. Une partie est invisible et vous la connaissez bien : ce sont les ultraviolets, la cause de nos coups de soleil. La rougeur de la peau et la chaleur ressentie montrent bien l'énergie effectivement transférée à notre épiderme, à notre insu. Ce rayonnement, combiné à la présence de CO_2, permet aussi la photosynthèse, c'est-à-dire la production de végétaux et de O_2, dont nous sommes aussi très avides. C'est la photosynthèse qui a rendu possible la vie telle que nous la connaissons sur la planète Terre. En moins de deux siècles, l'énergie électrique est devenue omniprésente. Nous le verrons plus loin, sa maîtrise date du XIXe siècle et elle est liée à la propriété de certains corps à conduire le courant électrique, c'est-à-dire à permettre aux électrons de charge négative de se déplacer à grande vitesse en leur sein. Dans les batteries de nos téléphones portables, nous la retrouvons stockée sous forme électrochimique. Enfin, l'énergie nucléaire délivre des quantités importantes de kilowattheures. Cette énergie est contenue dans les atomes ou, plus précisément, dans les noyaux atomiques, formés de nucléons, protons et neutrons, dont l'énergie de cohésion est colossale. Dans nos centrales nucléaires, la fission vise à casser les noyaux lourds, comme ceux d'uranium, à coups de neutrons pour en obtenir de plus petits et libérer beaucoup d'énergie. Pour la fusion nucléaire, c'est l'inverse, on associe deux noyaux légers pour en fabriquer un plus gros. Par exemple, dans un environnement de 15 millions de degrés Celsius, l'énergie de notre Soleil permet à deux atomes d'hydrogène de se transformer en un atome d'hélium, libérant ainsi de l'énergie. C'est cette énergie que nous voulons maîtriser maintenant pour pouvoir la déployer massivement au siècle prochain.

Bref, l'énergie est partout, elle est présente fondamentalement dans l'univers et dans notre environnement proche, sous diverses formes. Qu'elle provienne de Dieu ou du Big Bang, *Homo sapiens* a toujours cherché, de façon compulsive, à l'extraire et à la maîtriser. Et pour l'aider dans cette tâche, il fallait trouver des lois. Ce sont celles de la thermodynamique qui décrivent, en particulier, l'énergie thermique.

La première loi de la thermodynamique stipule que, dans un système fermé, l'énergie se conserve. C'est le bon vieux principe d'Antoine Laurent Lavoisier : rien ne se perd, rien ne se crée et tout se transforme. Ce principe édicté par le fameux chimiste énonce aussi que l'énergie peut se transférer d'un système fermé à un autre. En découle logiquement la seconde loi de la thermodynamique : lors d'un passage d'un système à un autre, le transfert de l'énergie thermique vers un autre type d'énergie, mécanique ou électrique par exemple, n'est jamais obtenu intégralement. Ce principe physique théorisé par Lazare Carnot introduit la notion de rendement, montrant qu'une machine qui transforme de l'énergie en perd inéluctablement une partie, principalement dissipée sous forme de chaleur. Les ingénieurs travaillent sans relâche depuis des siècles pour minimiser cette taxe forfaitaire de la thermodynamique. Elle ne sera malgré tout jamais abolie, de quoi couper l'herbe sous le pied à toutes celles et ceux qui croient encore au mouvement perpétuel, un mouvement utopique qui serait autoentretenu, sans jamais produire de frottements ou de chaleur.

Mais n'allons pas trop vite, car avant qu'il devienne ingénieur en génie atomique ou neurobiologiste, notre ancêtre *Homo sapiens* a dû fortement évoluer en 300 000 ans. Il est passé par trois grandes révolutions – cognitive, agricole et industrielle – que Yuval Noah Harari décrit avec pédagogie. Ces révolutions ont permis à un singe à peine plus malin que ses congénères de devenir le maître du monde, ne connaissant comme prédateurs que ses semblables. Ces révolutions qui ont apporté tant d'évolutions permettent de mieux comprendre notre addiction à l'énergie. Quand on s'y penche, on découvre aussi que l'évolution humaine combine la maîtrise de l'énergie à celle, tout aussi indispensable, de l'accès à l'eau. Énergie et eau potable sont intimement liées et ce n'est pas par hasard si ces deux ressources sont devenues les raisons majeures de conflits mondiaux.

Homo sapiens imagine des choses qui n'existent pas

Commençons par la révolution cognitive. Yuval Noah Harari explique dans *Sapiens* qu'il y a 70000 ans, une mutation génétique s'opère dans le cerveau d'*Homo sapiens* : il peut désormais inventer des choses qui sortent uniquement de son imagination et qui ne sont pas directement issues d'observations de phénomènes naturels. C'est cette révolution qui permet à nos ancêtres de concevoir le langage et de commencer à communiquer autour du langage symbolique, fondé sur des images et des éléments concrets, et non sur un alphabet. Cette manière de communiquer a permis la création et l'agrégation des premières communautés fédérées autour de mythes, des socles communs d'intérêt abstraits et puissants. Voilà la clé de notre évolution, celle qui conduira à la création des empires, des monnaies et des religions, trois concepts qui n'existent pas directement dans la nature.

Homo sapiens est pour l'instant un chasseur-cueilleur, il ne vit pas très loin des points d'eau qu'il partage avec d'autres animaux et des sources de nourriture qui lui procurent l'énergie nécessaire à son corps au quotidien. La maîtrise du feu lui permet de cuire les aliments et donc de les conserver plus longtemps mais aussi, et surtout, de les rendre plus digestes. Le tractus intestinal d'*Homo sapiens* se met à raccourcir puisqu'il digère plus rapidement et surtout en consommant de moins en moins d'énergie pendant le processus de digestion. Moins d'énergie consommée, cela signifie moins d'apathie postprandiale – en clair moins de besoins de siestes digestives –, et ainsi *Homo sapiens* devient plus mobile que les autres singes évolués qu'il côtoie. Voilà, l'histoire est en marche, c'est le cas de le dire, puisqu'avec un fonctionnement collectif et coopératif associé à une mobilité accrue, notre ancêtre devient nomade, il quitte le berceau de l'Afrique de l'Est et part à l'assaut de la planète. Il colonise l'Europe, l'Asie, l'Amérique, l'Australie… *Homo sapiens* découvre l'importance de l'énergie cinétique et invente le propulseur de sagaie, le harpon, l'arc et les flèches, qui améliorent significativement le rendement de la chasse et de la pêche. Ce sont les premiers ingénieurs, des proto-ingénieurs ! Notre espèce vient de trouver une magnifique réponse à l'injonction génétique qui exige d'elle de survivre, de se reproduire et de proliférer tout à la fois. À noter au passage que nos ancêtres vont faire disparaître directement ou indirectement leurs congénères néandertaliens[5] ainsi que la plupart des grands mammifères qu'ils vont rencontrer. Ainsi, *Homo sapiens* est un *serial killer* pour la planète dont il exploite, pour son propre développement, les ressources depuis plus de soixante-dix millénaires. Dès lors rien d'étonnant à ce qu'il continue sur sa lancée, et de façon exponentielle. Avec toutefois une différence notable : il commence maintenant à se rendre compte de son impact sur l'environnement, car il en expérimente de plus en plus les conséquences dans son quotidien, et à imaginer les futurs possibles.

Remontons au langage symbolique qui est commun à tous les humains. La plus belle manifestation de la révolution cognitive est, selon moi, celle de l'art pariétal. Imaginez... 36 000 ans avant J.-C., dans le sud de l'Ardèche. Vous êtes dans ce qui s'appelle maintenant la grotte Chauvet-Pont d'Arc et vous la partagez avec les ours, que vous admirez et que vous craigniez. J'ai eu la chance de vivre un tel instant en me retrouvant avec un petit groupe de visiteurs dans la réplique exacte de la grotte réalisée il y a quelques années. Notre guide, une étudiante en archéologie passionnée et érudite, nous a initiés aux mystères de l'art pariétal, décrivant avec précision et pédagogie les différentes compositions d'animaux – lions, ours, cervidés... – dessinés par centaines sur les parois en utilisant avec opportunité les anfractuosités de la roche pour donner un semblant de volume et de perspective. Au fond de cette grotte obscure, l'étudiante a allumé une torche, un flambeau grossier constitué d'un bâton de bois résineux, pour éclairer les parois d'une lumière vacillante. Et là, instant merveilleux, les animaux se sont mis à bouger. Le feu de bois a permis de fabriquer du charbon et de le mélanger avec des pigments pour donner vie à plus de mille dessins. Le feu génère de la lumière qui est ici la source du mouvement de ce premier cinéma du Paléolithique. Que voulaient dire nos ancêtres à travers ces messages symboliques ? Nous ne le saurons probablement jamais, pourtant ces peintures nous touchent encore, à Chauvet-Pont d'Arc, dans la grotte sous-marine Cosquer (- 33 000 à - 19 000) ou à Lascaux (- 20 000 à - 18 000). Il est vertigineux de penser que le temps écoulé entre Chauvet et Lascaux et entre Lascaux et notre époque est le même... Et pour paraphraser Pablo Picasso à propos des gravures de Lascaux, nous n'avons pas fait mieux depuis, nous avons juste fait différemment[6].

La seconde révolution, agricole cette fois, débute il y a 10 000 ans environ. Nos ancêtres entrent dans une nouvelle ère, celle du Néolithique. Après avoir visité le monde, *Homo sapiens* va maintenant croître et embellir. Pour cela, il se sédentarise en maîtrisant l'agriculture et l'élevage. L'addiction se met en place avec un besoin accru d'énergie directement disponible. C'est d'abord l'énergie humaine qui est mobilisée avec l'apparition de l'esclavage. Puis l'énergie animale : les animaux de trait permettent de cultiver des surfaces de plus en plus grandes et les chevaux donnent une dimension nouvelle à la mobilité. Le Néolithique, c'est aussi l'âge de la pierre polie. L'homme apprend à transformer la matière pour produire des outils, des armes. Il va sophistiquer ces objets en combinant énergie thermique et énergie chimique pour jeter les bases de la métallurgie ou de la céramique. Le chasseur-cueilleur s'embourgeoise, il prospère et la démographie commence à s'emballer. Entre - 10 000 et - 8 000, la population du Néolithique passe de 0,5 à 5 millions d'individus. L'invention de l'écriture vers - 5 000 ouvre l'ère de l'Antiquité et avec elle les premiers grands empires et les religions expansionnistes.

Il faut de l'énergie pour stabiliser les premières grandes cités, favoriser le commerce entre elles, conquérir toujours plus et vénérer les dieux et les morts. Les dolmens deviennent des pyramides gigantesques, tuant pour leur construction encore plus d'esclaves. Quelles leçons en avons-nous tiré ? Quand on s'intéresse au nombre d'ouvriers morts lors de la construction des stades au Qatar pour la tenue d'une Coupe du monde de football, on se dit que les dieux ont changé mais que les conséquences restent les mêmes.

À la recherche de toujours plus d'énergie

En cherchant à extraire toujours plus d'énergie dans son environnement accessible, l'Homme est devenu le « Monsieur Jourdain »* des énergies renouvelables, puisqu'il jette son dévolu sur l'énergie cinétique, potentielle et thermique que lui proposent le vent, le soleil et l'eau. Cela mérite une petite explication. L'énergie cinétique des cours d'eau et du vent transforme la mobilité car il est alors possible de conquérir et de commercer avec des embarcations sophistiquées. Sept cents ans avant notre ère, les moulins à vent apparaissent en Orient, dans l'Empire perse et dans l'Égypte ancienne. Irriguer

* « Un Monsieur Jourdain » : cette formule désigne une personne pratiquant une activité sans même avoir connaissance de son existence. Elle fait référence au personnage du même nom, héros de la comédie-ballet de Molière *Le bourgeois gentilhomme*, qui découvre qu'il fait de la prose sans même le savoir.

les cultures ou moudre le grain devient alors possible dans de grandes quantités, surtout dans les zones ventées proches des littoraux. Il faut attendre le XIXe siècle pour que l'énergie cinétique soit transformée en électricité avec l'apparition des éoliennes. Celle inventée par l'Américain Charles Francis Brush en 1888 avait une puissance respectable de 12 kilowatts et était judicieusement couplée avec une batterie au plomb. Charles Francis Brush avait sûrement identifié très tôt les problèmes modernes de l'intermittence des énergies renouvelables*, il a ainsi apporté la première solution couplée de production électrique et de stockage.

Côté solaire, les Égyptiens auraient imaginé la première application non énergétique avec la mise en œuvre d'un cadran solaire sophistiqué. Le savant grec Dioclès aurait, dit-on, inventé 200 ans avant notre ère une technologie fonctionnant avec des miroirs focalisant le rayonnement solaire, pour allumer la fameuse flamme des Jeux olympiques. 2000 ans et des poussières plus tard, le four solaire d'Odeillo imaginé par Félix Trombe reprend le même concept dans les Pyrénées-Orientales pour atteindre la température de 3500 °C.

Au-delà du vent et du rayonnement solaire, je reste persuadé que la source d'énergie qui s'est imposée naturellement à nos ancêtres est l'énergie hydraulique. En effet, capter l'énergie potentielle d'une chute d'eau, qu'il s'agisse d'un fleuve ou d'une rivière, produit une énergie

* La nuit ou en absence de vent, les systèmes installés ne produisent pas d'électricité.

mécanique, et plus tard de l'énergie électrique, de manière quasi illimitée.

Les ingénieurs romains ont, 200 ans avant notre ère, formalisé les plans des premiers moulins à eau, alimentés par des aqueducs et destinés au départ à moudre le grain. Les Romains savaient déjà coupler l'énergie cinétique de l'eau avec les problèmes de l'adduction. Pour vous en convaincre, visitez le pont du Gard près de Nîmes et vous pourrez vous émerveiller de ce que les hommes de l'Antiquité furent capables de construire pour maîtriser l'eau et l'énergie. René Goscinny lui rend hommage dans une vignette fameuse du *Tour de Gaule d'Astérix* où notre héros national explique à son comparse Obélix qu'« avec leurs constructions modernes, les Romains gâchent le paysage[7] ». C'est difficile d'imposer la modernité.

La période médiévale du XIe au XIIIe siècle fut en Europe d'une richesse incroyable. L'Occident chrétien élève ici la France au rang de pays majeur du fait d'une conjonction particulière, un essor démographique lié à l'arrêt de l'épidémie de peste noire, un climat devenu plus clément et la maîtrise d'une énergie gratuite et intuitivement infinie : l'énergie hydraulique.

Le grand historien Fernand Braudel savait ce que les hommes du Moyen Âge avaient emprunté aux Romains et il s'interrogeait pour déterminer si l'invention des moulins à eau était la cause, la conséquence, ou bien les deux à la fois, de la transformation majeure de cette Europe naissante[8]. Entre le XIe et le XIIIe siècle, la population européenne a doublé et a engendré des besoins sociétaux et industriels nouveaux. L'énergie est la force motrice du développement et celle portée par les êtres vivants : esclaves, serfs et animaux de traits ne suffisent plus. Au XIe siècle, une autre voie que celle de l'esclavage apparaît avec les moulins à eau, technologies capables de transformer l'énergie hydraulique des cours d'eau (et des marées) en énergie mécanique avec un rendement meilleur que celui de la transformation de l'énergie humaine. Les bassins versants dépourvus de cours d'eau verront apparaître plus tardivement des moulins à vent, jugés moins performants car dotés d'un fonctionnement intermittent.

À cette époque, l'Occident chrétien compte plusieurs dizaines de milliers de moulins à eau, ce qui correspond en Angleterre à un moulin disponible pour cinquante foyers. Au XIIe siècle, la France en compte vingt mille et, à la fin du XIIIe siècle, il y en aura plus de quarante mille installés. L'énergie produite est équivalente à celle potentiellement déployée par 1,2 million de travailleurs. C'est considérable pour une France dont la population avoisine 22 millions d'habitants. Avec cette énergie disponible, le servage recule, la productivité augmente. En maîtrisant l'énergie et les bases de la mécanisation, notre pays commence à se doter d'une industrie.

Les moulins à eau sont installés à proximité des matières premières de grande nécessité : les grains, la laine, la soie, les métaux... Ces premiers « consortiums industriels » structurent le paysage et la création de villages qui, au fil du temps, deviennent plus ou moins importants.

Transformer l'énergie hydraulique en énergie mécanique trouve au Moyen Âge de multiples applications : moudre les grains de céréales pour faire de la farine, filer le chanvre ou la soie, activer les soufflets d'une forge ou bien presser des oléagineux pour obtenir de l'huile. Il est aussi possible d'agiter, de brasser ou de mélanger des foulons. Imaginez ces immenses cuves destinées à tanner du cuir ou à teinter des tissus. L'eau est à la fois la force motrice et le solvant qui permet la transformation. Quinze tonnes d'eau sont nécessaires pour tanner une tonne de peau. Selon la nature du cours d'eau, l'activité devient rapidement saturée du fait de ce besoin gigantesque.

La saturation généralisée des cours d'eau se produit finalement à la fin du XIIIe siècle en France. La quantité de moulins à eau installée cesse d'augmenter du fait du manque de place disponible. C'est le premier exemple de l'impact des systèmes énergétiques sur notre environnement national, il y en aura assurément d'autres. De plus, les moulins à eau, même optimisés, ne progressent plus en matière de performance et d'innovation, ils sont juste dupliqués en fonction des besoins. Voilà la fin d'un cycle énergétique. Il ne se passe pas grand-chose dans ce domaine pendant environ deux siècles. Du fait du retour des pandémies, de la multiplication des guerres européennes et des croisades, la population stagne en France autour de 25 millions d'habitants.

Les sciences et les techniques au service de l'énergie

Lorsque j'étais en école d'ingénieur, un professeur de génie des procédés avait l'habitude d'accueillir ses nouveaux élèves en les prévenant qu'il était présomptueux de prétendre devenir ingénieur. Selon lui, seuls les bâtisseurs des cathédrales méritaient ce titre parce qu'ils avaient construit des édifices somptueux avec des outils sortis de leur imagination et une énergie réduite en regard de l'objectif à atteindre. Ce professeur en concluait que si enfants nous n'avions pas joué assidûment aux Lego, nous ne serions jamais de bons ingénieurs. Mais il passait sous silence le fait que ces édifices se construisaient parfois en plusieurs centaines d'années. Cette approche pédagogique abrupte avait au moins le mérite de nous faire réfléchir sur les raisons de notre présence dans cette école.

Je saisis ici l'occasion de saluer un ingénieur né près de Florence en Italie au XVe siècle, dont le génie nous émerveille encore aujourd'hui. En plus d'être ingénieur, Léonard de Vinci était aussi peintre, anatomiste et architecte. Un des musées de Florence qui lui est consacré présente des maquettes incroyables qui expliquent avec pédagogie ses inventions[9]. En observant la nature, ce premier adepte de l'ingénierie biomimétique savait comment transformer l'énergie humaine ou animale en énergie cinétique ou potentielle, en mouvement circulaire ou longitudinal et en énergie mécanique. Selon moi, une part importante de son génie est liée à sa connaissance intuitive des principes de la thermodynamique. Il a donc cherché à minimiser les dissipations sous forme de pertes énergétiques lors de ses transformations en imaginant des poulies, engrenages et roulements à billes dont la conception limite les phénomènes de friction. Après sa mort au XVIe siècle, ses inventions ont ouvert la voie à des générations entières de chercheurs et d'ingénieurs. Cette époque est d'ailleurs charnière car elle marque la fin du Moyen Âge et date le début de la Renaissance en Europe. La Renaissance des idées dans l'art et la littérature est associée à une révolution intellectuelle dans le domaine de la science avec l'apparition de la pensée scientifique.

En effet, jusqu'à présent, le langage symbolique et les religions associées apportaient des réponses simples à toutes les questions. La pensée scientifique présuppose l'ignorance de l'Homme qui se doit de se détacher du subjectif pour revenir à l'objectif, en particulier avec l'observation de la nature. « Celui qui est heureux d'apprendre sera un jour un maître », dit un proverbe persan, et se détacher de la parole d'un Dieu et des écrits sacrés pour acquérir en propre la connaissance, voilà qui est bien révolutionnaire. Cela présuppose que « tout ce que je sais, c'est que je ne sais rien, tandis que les autres croient savoir ce qu'ils ne savent pas », comme l'avait anticipé Socrate. L'approche scientifique est fondée en particulier sur l'observation de notre monde, l'expérimentation, les essais/erreurs, la définition d'une théorie pour décrire ce qui nous entoure et sa remise en question lors de l'apparition de connaissances nouvelles. Mais alors que Socrate et les philosophes de son temps réfléchissaient au besoin vital de l'homme d'accroître ses connaissances, la science de la fin de la Renaissance vise à comprendre le monde, avec pour conséquences de le dominer mais aussi de le façonner en regard de nos besoins. Elle ouvre ainsi la voie du progrès scientifique associée à une autre vision de la société qui s'émancipe.

L'apparition de la pensée scientifique a, en partie, provoqué la troisième révolution vécue par *Homo sapiens*, la révolution industrielle qui est consubstantielle à la maîtrise et l'utilisation de toutes les énergies disponibles. L'addiction se met en place de manière quasi irréversible.

En Europe, c'est à partir du XVIIIe siècle que les signes de la révolution industrielle deviennent tangibles avec l'avènement d'une machine énergétique qui utilise une fois de plus l'eau : la machine à vapeur. En apparence anodine, la machine à vapeur est un système autonome qui transforme l'énergie thermique en énergie mécanique. De l'eau liquide placée dans une chaudière est portée à haute température et se transforme en vapeur. En se détendant à travers un dispositif mécanique, la vapeur d'eau restitue son énergie en mettant en mouvement un piston ou une turbine. Le Français Denis Papin construit en 1679 la première chaudière dotée d'une soupape qu'il va utiliser comme autocuiseur. De manière visionnaire, il propose de se servir d'un piston pour générer encore plus d'énergie disponible. Il a ainsi ouvert la voie à une multitude de systèmes énergétiques qui, contrairement aux moulins à eau, seront en constante amélioration, parfaitement maîtrisés et dimensionnés puis orientés selon le besoin.

L'Écossais James Watt, qui s'est considéré toute sa vie comme un modeste technicien, construit et brevette en 1769 la première machine à vapeur performante, dotée d'une chambre de condensation interne. Cette machine peut se coupler facilement à des pompes, des moulins pour fabriquer de la farine en grande quantité ainsi qu'aux machines-outils de l'époque, en particulier les métiers à tisser. Au tout début du XIXe siècle, cinq cents de ces machines existent et fonctionnent de par le monde. Comme pour les moulins à eau en France, la machine à vapeur a probablement contribué à l'abolition de l'esclavage aux États-Unis et dans les Antilles ainsi qu'au recul du servage en Russie. Elle est compacte, mobile et sa production considérable d'énergie répond à l'injonction de Greg de Temmerman : l'évolution de l'humanité peut se voir comme une quête permanente vers plus d'énergie disponible, lui permettant de modifier toujours plus son environnement. C'est un premier succès industriel !

La modification qui apparaît maintenant est fondamentale puisqu'elle met en évidence le besoin d'accès aux matières premières fossiles, charbon et hydrocarbure. Leur utilisation ne date pas d'hier. Les Égyptiens embaumaient les corps avec du bitume et c'est grâce à cela que nous pouvons encore nous émerveiller devant la momie de Ramsès II. Il y a 2 000 ans, les Chinois ont découvert la fantastique densité énergétique du charbon pour cuire les aliments et se chauffer, en comparaison avec celle du feu de bois[10]. Toujours plus d'énergie signifie toujours plus de matières premières avec des densités énergétiques croissantes. Des machines à vapeur puissantes nécessitent une matière première adaptée, ainsi le feu de bois est-il supplanté dès le XVIIIe siècle par le charbon.

La mécanisation de l'agriculture va pousser les paysans à rejoindre les villes pour devenir ouvriers, une main-d'œuvre bon marché attirée par la promesse, discutable, d'une vie meilleure. De plus, la machine à vapeur permet de diminuer les distances. La mobilité des biens et des personnes va s'accélérer via les premiers véhicules routiers, les trains et les bateaux. Le monde rétrécit et le commerce peut dépasser les frontières et les continents. En parallèle, les militaires peuvent aussi se déployer bien au-delà de ce qui était jusqu'alors possible, la colonisation du monde par l'Europe est en marche. Les puissances coloniales façonnent la géopolitique et les mythes occidentaux imposés aux territoires colonisés permettent de sécuriser l'accès aux matières premières et autres ressources dont les nouveaux systèmes de production se nourrissent avidement. Ces systèmes ont une appétence accrue pour les ressources à la densité énergétique élevée, autrement dit celles qui stockent significativement une quantité d'énergie potentiellement libérable à partir d'un litre ou un kilogramme d'une ressource donnée.

Pour bien appréhender les différences de densité énergétique, il faut comparer les capacités de stockage des matières énergétiques. Votre corps est avide de sucre et encore plus quand vous lui demandez un effort physique. Avec un kilogramme de sucre, exemple purement théorique car votre glycémie risquerait d'exploser, vous auriez en stock 19 mégajoules d'énergie mobilisable. C'est plus que dans un kilogramme de bois (16 mégajoules) mais moins que dans un kilogramme de charbon (24 mégajoules). Avec les hydrocarbures vous doublez la mise puisqu'un kilogramme d'essence stocke 45 mégajoules et pour un kilogramme de gaz naturel, qui est d'ailleurs un gaz fossile, 55 mégajoules sont mobilisables. Avec l'uranium nous changeons de dimension puisqu'un kilogramme d'uranium naturel permet de produire plus de 360 000 mégajoules sous forme de chaleur dans une centrale nucléaire.

Les militaires au début du XXe siècle ont rapidement réalisé que, sur un navire de guerre, remplacer la même masse de charbon par l'équivalent en pétrole permettait d'aller deux fois plus loin. Dans la seconde moitié de ce siècle, la propulsion nucléaire a suivi la même logique puisque les sous-marins ou les porte-avions à propulsion nucléaire sont capables de partir à la mer pendant plusieurs mois sans besoin de se ravitailler.

L'électricité, un vecteur énergétique majeur

La densité énergétique est une chose mais la capacité à mobiliser rapidement et à transporter une source d'énergie en est une autre, et c'est ici qu'entre en scène la « fée électricité* ».

L'énergie électrique est identifiée dès l'Antiquité, depuis que les premiers savants ont observé des poissons étranges, capables de produire des décharges électriques. Elle est finalement maîtrisée au XIXe siècle. En 1800, le physicien Alessandro Volta fabrique la première pile électrique – un empilement astucieux de disques de cuivre en contact avec un chiffon imbibé d'eau salée qui sert

* « La Fée Électricité » est un tableau de Raoul Dufy réalisé pour l'Exposition universelle de 1937 à Paris. Il est maintenant exposé au Musée d'Art moderne de Paris.

d'électrolyte. En 1822, le physicien Peter Barlow conçoit la roue qui porte son nom et c'est peu ou prou le premier moteur électrique qui produit un courant continu. Le scientifique et industriel Thomas Edison popularisera en 1876 l'application de l'électricité pour alimenter la première ampoule à incandescence. L'électricité intègre les industries mais aussi les foyers et, à la fin du XIXe siècle, Paris et d'autres capitales deviennent des « villes lumières ». Lumières artificielles auxquelles nous semblons toujours attachés puisque New York, Shanghai, Tokyo, Londres ou Paris brillent encore la nuit, comme si cet étalage valait comme démonstration de la richesse et du pouvoir d'un pays.

L'électricité ne fait pas partie des énergies primaires puisqu'il faut mobiliser ces dernières, charbon, pétrole, nucléaire ou renouvelable, pour la produire. Il n'existe pas de sources « naturelles » d'électricité*, c'est la raison pour laquelle l'électricité que nous fabriquons est un vecteur énergétique qui revêt un avantage majeur : il n'est pas dépendant des caprices de la nature, il permet une production plus ou moins centralisée, l'illusion du tout-contrôle, et une distribution possible sur de larges distances.

C'est ce qu'avait compris Nikola Tesla, l'ancien collaborateur méprisé d'Edison, qui, en inventant le courant alternatif, a proposé un système de transport de l'électricité encore plus efficace puisqu'il minimisait les pertes. La

---

* Pour être précis, la seule source d'électricité « naturelle » est la foudre et elle est difficilement maîtrisable, sauf pour Doc dans *Retour vers le futur*.

« guerre des courants » – nom donné à leur controverse – eut lieu à la fin du XIXe siècle[11]. Edison passe à la postérité comme inventeur des systèmes électriques alors que c'est le courant alternatif de Nicolas Tesla qui équipe aujourd'hui nos maisons. Ironie du sort ou juste retour des choses, le nom de Tesla s'est remis à briller quand il fut associé à une marque de véhicules électriques que l'on recharge avec du… courant alternatif !

Revenons à nos moutons (électriques[12]). Au siècle dernier la machine à vapeur a donc logiquement été supplantée par d'autres systèmes plus performants comme la turbine à vapeur, le moteur électrique ou le moteur à combustion interne. C'est l'avènement de l'utilisation du charbon et des hydrocarbures pour alimenter des entreprises qui se mettent à produire et donc à consommer frénétiquement. À cela s'ajoutent malheureusement deux guerres mondiales, funestes accélérateurs de progrès techniques dans le domaine de l'énergie. En particulier pour l'énergie nucléaire, née sur les fonts baptismaux tragiques de Hiroshima et Nagasaki, ces deux villes japonaises détruites par la bombe atomique en 1945, et qui est ensuite heureusement développée pour des applications civiles, structurée internationalement à partir du programme « Atoms for Peace » lancé en 1953.

Enfin, à la fin du siècle dernier, apparaissent les énergies dites « renouvelables et intermittentes ». Elles connaissent un essor considérable. Les éoliennes couplent énergie cinétique du vent et production d'électricité avec des rendements de plus en plus importants. Imaginez : la force du vent qui s'exerce sur les pales d'une éolienne les fait tourner entre dix et vingt fois par minute, et couplées à un alternateur, cela va finalement produire de l'électricité. Actuellement, les éoliennes de dernière génération possèdent des pales de presque 110 mètres de longueur et la course au gigantisme ne va pas s'arrêter de sitôt, luttant toujours contre l'intermittence.

Le solaire thermique de nos ancêtres piétine. En France, les fours solaires expérimentaux catalans d'Odeillo et de Targassonne dans les Pyrénées-Orientales impressionnent surtout les touristes. En revanche, le solaire photovoltaïque est depuis cinquante ans en constante évolution. La technologie est fascinante : les cellules photovoltaïques transforment l'énergie de rayonnement du Soleil portée par les photons en électricité. Comment l'Homme a-t-il pu les concevoir ? C'est vers 1840 que le jeune physicien français Edmond Becquerel a l'intuition que l'énergie solaire pouvait être transformée en électricité grâce à des panneaux constitués de matériaux semi-conducteurs. Mis en œuvre sous forme de cellules, ces matériaux à base de silicium amorphe ont vu leur rendement augmenter de 6 % à 9 % dans les années 1950 avant de contribuer au succès de la conquête spatiale américaine.

Aujourd'hui, 95 % des cellules commerciales sont basées sur le silicium cristallin avec des rendements compris entre 21 et 25 %. Le record pour une cellule en silicium de taille industrielle est détenu à ce jour par la société chinoise Longi avec un rendement de 26,81 % obtenu en 2022 avec une technologie hétérojonction[13]. On se rapproche ainsi progressivement de la limite pratique de cette technologie estimée entre 28 et 29 %.

Pour aller au-delà et franchir la barre symbolique des 30 % de rendement, il est nécessaire d'associer des matériaux différents pour constituer une cellule tandem. En laboratoire, ce type de cellule associant une sous-cellule en pérovskite et une sous-cellule en silicium a déjà permis d'atteindre plus de 33 % de rendement[14]. Toutefois, le chemin est encore long entre cette performance obtenue en laboratoire sur un prototype d'un centimètre carré et son changement d'échelle vers un panneau industriel d'un mètre carré. Vient en outre se greffer une dimension géopolitique : la Chine produit à ce jour plus de 70 % du silicium de qualité photovoltaïque, elle est donc naturellement leader dans ce domaine et distribue dans le monde entier ses panneaux obtenus à partir d'une énergie primaire extrêmement carbonée. Autrement dit, si ces cellules viennent depuis la Chine remplacer en France une énergie déjà largement décarbonée, ce n'est pas vertueux d'un point de vue environnemental.

Au XXIe siècle, tous les moyens de produire de l'électricité sont globalement mis en œuvre dans le monde. La plupart du temps, ils utilisent encore et toujours l'eau comme fluide caloporteur pour activer d'immenses turbines ou pour réguler thermiquement les systèmes. L'eau a accompagné *Homo sapiens* pour produire toujours plus d'énergie à travers trois révolutions, mais nous sommes arrivés à un point singulier de l'histoire de notre espèce : il faut maintenant mobiliser de l'énergie pour produire de l'eau potable. C'est un des multiples effets secondaires de notre addiction à l'énergie.

Après la révolution cognitive, notre ancêtre chasseur-cueilleur consommait environ 27 mégajoules chaque jour. Après la révolution agricole, un citoyen de l'Empire romain consommait quotidiennement le double, c'est-à-dire 54 mégajoules. À l'aube de la révolution industrielle, au début du XIXe siècle, un sujet de l'Empire britannique consommait environ 160 mégajoules chaque jour. Et maintenant ? Un citoyen français consomme quotidiennement 364 mégajoules, soit cent fois plus que nos aïeux de Lascaux, et cette augmentation est exponentielle. À titre de comparaison géographique, en 1999, 24 % de la population mondiale consommait plus de 200 mégajoules par jour et par habitant, ce qui est considéré comme étant la moyenne mondiale. En 2019, cette valeur est passée à 43 %, les champions de la consommation étant la Chine, les États-Unis et l'Europe. Malgré les épisodes de Covid de 2020 et 2021 et les infléchissements associés, l'accroissement annuel de la consommation d'énergie reste d'actualité.

Énergie et démographie : un lien indéfectible

Rappelez-vous, toute cette énergie devait nous permettre de croître et prospérer pour assurer la sauvegarde de l'espèce. En dépit des famines, pandémies et guerres meurtrières, la démographie mondiale a explosé, à l'image de ce que nous venons de voir pour l'énergie.

À l'époque de la grotte Chauvet-Pont d'Arc, la population mondiale est estimée à 1 million d'habitants. À ce jour, nous sommes plus de 8 milliards d'individus à habiter et à nous partager notre planète. Cette augmentation d'un facteur 8 000 n'est pas linéaire mais exponentielle. De 600 millions d'habitants au XVIIIe siècle, nous sommes passés à 3 milliards d'habitants en 1960 et à 8 milliards en 2023.

À titre personnel, je fais partie de ceux qui ont vu la population mondiale doubler même si je ne m'en suis pas rendu compte. C'est vertigineux quand on s'arrête quelques minutes pour y réfléchir. Surtout si nous ajoutons le fait qu'entre le XVIIIe et le XXe siècle, l'espérance de vie à la naissance en France est passée de 35 ans à plus de 80 ans.

Alors, une démographie galopante associée à une telle espérance de vie dans les pays industrialisés, couplée à une demande énergétique toujours plus importante et un besoin accru en eau, tout cela contient bien les ingrédients d'un cocktail explosif dont nous allons maintenant commencer à évaluer les impacts pour nous projeter vers des futurs possibles.

Ces impacts sont multiples. J'ai choisi de partager avec vous celui sur l'environnement. Jeune collégien à Bordeaux dans les années 1970, mon premier émerveillement pour l'histoire vient du Nil. Le rôle nourricier du Nil est à la base de la prospérité de ses riverains mais il joua aussi un rôle économique et social majeur. Grâce aux crues annuelles et à l'irrigation, il était possible de cultiver du lin pour faire des vêtements mais aussi des voiles de bateaux. D'ailleurs, n'oublions pas que l'énergie cinétique du Nil fut, jusqu'au XIXe siècle, le principal axe de transport permettant de parcourir les 1 200 kilomètres du pays. Les felouques furent pendant des milliers d'années le moyen de transport le plus utilisé sur le Nil. Le granit qui a servi à bâtir les grandes pyramides fut sûrement transporté de cette manière.

Au XIXe siècle, l'Égypte a la tentation économique d'évoluer vers des cultures agricoles lucratives du coton et de la canne à sucre. Ces cultures demandent de l'eau toute l'année, il faut donc drainer les marécages du delta du Nil pour générer de nouvelles surfaces fertiles mais aussi et surtout contrôler et réguler le débit du fleuve sacré. Porté par sa volonté de maîtriser le Nil, l'Homme commet au XXe siècle un acte quasi irréversible en construisant le barrage d'Assouan[15].

Au-delà des dieux, des facteurs matériels précipitent ce choix. L'Égypte fait face à des contraintes sociales et économiques majeures. Entre 1960 et 2021, la population est passée de 26,6 à 104 millions d'habitants. En soixante ans, la population a donc été multipliée par quatre. Cela implique inexorablement de produire plus de nourriture, et ce faisant, de dompter le flux du Nil, fleuve nourricier par excellence, afin de générer toujours plus de surfaces agraires disponibles. Dans le même temps, il faut aussi produire plus d'énergie pour alimenter les grandes villes égyptiennes.

C'est exactement l'objectif du barrage d'Assouan. Sa construction a débuté en 1960 et a été officiellement terminée le 21 juillet 1970. Avec une longueur de 3 830 mètres et une hauteur de 111 mètres, ses dimensions sont (forcément) pharaoniques. Grâce au barrage, les réserves en eau de l'Égypte sont passées de 4 à 165 milliards de mètres cubes disponibles. Entre 1957 et 1997, la surface de terres cultivables a été multipliée par dix. Le flux du Nil a été régulé, permettant aux agriculteurs de se prémunir d'inondations catastrophiques. Enfin et surtout, avec ses douze turbines, le barrage d'Assouan dispose d'une puissance installée d'environ 2,1 gigawatts, c'est une énergie électrique renouvelable comparable à celle fournie par deux réacteurs nucléaires. Lors de son inauguration, il a été dit que le barrage produisait la moitié de l'énergie électrique nécessaire à l'Égypte, répondant ainsi au cahier des charges initial. À l'heure actuelle, et du fait de la construction de divers ouvrages hydroélectriques, le barrage ne produit plus que 13 % de l'énergie électrique consommée. Malgré tous ces avantages indéniables pour la production d'eau potable, de denrées agricoles et surtout d'énergie renouvelable en réponse aux besoins d'une démographie croissante, le barrage d'Assouan focalise la vindicte internationale depuis soixante ans, en particulier du fait du désastre environnemental qu'il constitue.

Les problèmes ont commencé dès les premiers travaux. La construction du barrage et surtout la création du lac Nasser* ont eu pour conséquences irrémédiables d'inonder définitivement des sites archéologiques de la vallée des Rois où l'ouvrage a été bâti, ainsi que des villages entiers. Soixante mille personnes ont été déplacées à cette

---

* Lac artificiel en amont du barrage qui s'étend sur 6 216 kilomètres carrés, dont 5 250 kilomètres carrés en Égypte, le reste étant au Soudan.

époque. Ensuite, la production d'électricité a eu pour conséquence de retenir en amont du barrage une quantité importante de limon noir, l'engrais naturel du Nil qui a fait sa richesse. En aval du barrage, les agriculteurs disposant de surfaces utilisables plus importantes ont malheureusement multiplié l'usage d'engrais chimiques de manière catastrophique. La pollution qui en résulte est devenue quasi irréversible avec des impacts malheureusement durables.

Le barrage d'Assouan est une triste illustration des conséquences de la mise en œuvre par les hommes d'un système énergétique qu'ils pensent salvateur, au regard des enjeux énergétiques et écologiques de la planète. Les ONG écologistes qui ont prôné pendant longtemps la destruction du barrage n'ont pas pris la mesure des enjeux auxquels un pays comme l'Égypte a dû faire face. Imaginé en 1960, cet ouvrage répondait aux attentes énergétiques, alimentaires et sociales de l'époque. La décision de déclencher une révolution hydraulique sans équivalent dans le monde, fondée en partie sur des raisons de souveraineté nationale, est sûrement critiquable à postériori, mais depuis presque soixante ans, l'Égypte n'a pas connu de crues meurtrières ni de famine. En comparaison avec les pays voisins tels que le Soudan ou la Libye, l'Égypte a limité sa dépendance alimentaire. Toutefois, 95 % de son agriculture est toujours irriguée et les importations dans le secteur agroalimentaire représentent 23 % des importations totales du pays[16].

Finalement, au-delà des approches sociétales et économiques, c'est l'approche environnementale qui a manqué cruellement et a empêché un développement durable de la vallée du Nil.

Si je m'y attarde, c'est parce que l'exemple du barrage d'Assouan illustre la difficulté de bâtir une vision des impacts positifs possibles à court ou moyen terme sans oblitérer la vision des impacts négatifs possibles à long terme. Pour en revenir au *Larousse*, nous sommes pleinement dans la définition de la difficulté de traiter une addiction.

Vers *Homo energeticus*

Arrivé à ce stade, le singe évolué que nous sommes, qui a connu la révolution cognitive et qui est devenu le maître du monde grâce à son arme, l'énergie, comprend que son destin est irrémédiablement lié à elle. Du point de vue de la biologie, l'énergie a contribué à nous élever au-dessus des autres espèces, sans craindre les prédateurs dont nous devrions nous prémunir. La maîtrise de l'énergie nous a permis de découvrir le monde, et surtout de nous rendre libres.

Au cours de son histoire, *Homo sapiens* a donc évolué insensiblement pour atteindre un nouveau stade de son évolution, il est devenu *Homo energeticus*.

L'avènement d'*Homo energeticus* a fait disparaître les esclaves et les serfs, remplacés aujourd'hui par des ouvriers qui construisent des stades au Moyen-Orient ou qui confectionnent à la chaîne des chaussures de sport en Asie. La quantité d'énergie disponible par habitant de la Terre au XXIe siècle favorise un comportement individuel, associé à une consommation compulsive mondialisée. C'est le schéma qui nous a rendus libres et heureux jusqu'à ce jour, enfin certains plus que d'autres... Comme pour les Égyptiens de la Haute et Basse-Égypte, nos sociétés modernes vont continuer à lier leur développement démographique, industriel et social à l'accès immédiat et déterminant aux ressources en énergie et en eau. L'Histoire se répète mais avec quelles conséquences ?

Le 21 février 1942, l'écrivain autrichien Stefan Zweig écrivait ces mots prémonitoires : « Ce qui nous rendait si heureux recelait en même temps un danger que nous ne soupçonnions pas... » Dans sa villa de Petrópolis au Brésil, il rassemblait une dernière fois ses idées pour laisser un ultime message. Le lendemain, l'écrivain le plus lu à son époque décida de fuir définitivement la barbarie du monde, il se suicida avec sa compagne Lotte en absorbant une dose massive de véronal.

Quatre-vingts ans plus tard, ces mots éclairent une question majeure pour notre évolution, quelles sont les conséquences de l'utilisation massive et sans limite de ce qui nous rend si heureux et quels sont les futurs possibles pour *Homo energeticus* ?

2

L'URGENCE CLIMATIQUE QUESTIONNE NOTRE PRÉSENT

Au début des années 2010, alors que j'étais responsable du département de physico-chimie au CEA de Saclay, j'avais invité notre collègue Jean Jouzel, climatologue internationalement reconnu et membre fondateur du GIEC (Groupe d'experts intergouvernemental sur l'évolution du climat)[1], à venir nous présenter lors d'un séminaire scientifique la vision d'un chercheur passionné par la compréhension du changement climatique. Les planches de sa présentation s'enchaînaient et, de manière inexorable, la démonstration se construisait, froidement, avec une conclusion implacable qui confirmait ce que nous avions déjà compris depuis de nombreuses années : le changement climatique est une réalité et il est principalement causé par l'activité humaine. À l'issue de sa présentation, alors que nous échangions en petit comité, je demandais à Jean comment il était encore possible que des chercheurs de l'Académie des sciences ou bien des personnes du grand public puissent ne pas voir cette démonstration simple, rigoureuse et sans ambiguïté. Jean est engagé dans un combat salutaire contre le changement climatique mais je sentais une lassitude de sa part. Il m'expliqua que, selon lui, nos concitoyens prendraient conscience du changement climatique lorsqu'ils expérimenteraient eux-mêmes les conséquences de ce changement. En 2019, l'été fut chaud et sec, ponctué d'incendies et de sécheresses multiples. J'ai eu, en septembre de cette année, la chance d'être invité à Latche, dans mes landes natales, pour participer aux Rencontres du progrès, un colloque de réflexion organisé par Gilbert Mitterrand, le fils de l'ancien président François Mitterrand, et le journal *Sud Ouest* afin de débattre de l'importance de la science au secours du changement climatique[2]. Des dizaines de participants inspirants se sont succédé et je me souviens de l'intervention lumineuse d'Hubert Védrine. L'ancien ministre des Affaires étrangères de la « mitterrandie » nous a livré avec clarté un décryptage possible du futur. Bien sûr, le changement climatique était au centre de son intervention. Selon lui, après un temps très long de déni vis-à-vis de ce changement, la prise de conscience était en train de s'opérer du fait des conséquences d'un été particulièrement chaud. Il nous a indiqué que le stade suivant serait celui de l'« hystérie ».

Quelques années plus tard, après une succession d'étés qui battent des records de températures, d'incendies dramatiques, de sécheresses sévères et d'inondations subites, les visions de Jean Jouzel et Hubert Védrine ont convergé pour atteindre le point que nous connaissons, celui de la prise de conscience au sein du grand public et du début de l'« hystérie ».

Énergie et changement climatique : les liaisons dangereuses

Revenons sur ce changement climatique et sur les causes intimement liées aux activités d'*Homo energeticus*, en particulier son usage immodéré de l'énergie.

Le changement climatique et le réchauffement de notre planète ont pour origine un effet physique simple que le grand public a découvert depuis quelques décades : l'effet de serre[3]. C'est un savant français, Joseph Fourier, qui le premier a décrit en 1824 ce phénomène. La Terre est chauffée en permanence par le rayonnement solaire dans le domaine visible, ultraviolet, et elle émet en retour un rayonnement dans le domaine de l'infrarouge lointain. S'il n'y avait pas d'atmosphère terrestre, ce rayonnement repartirait en direction de l'espace et la température à la surface de la Terre serait de l'ordre de – 18 °C. Mais notre planète possède une atmosphère constituée de certains gaz qui ont la propriété d'absorber ce rayonnement infrarouge : les gaz à effet de serre (GES)[4]. Le rayonnement infrarouge est donc piégé dans notre atmosphère et il se distribue dans toutes les directions, en particulier il revient vers la Terre pour la réchauffer. C'est la raison pour laquelle la température à la surface de la Terre est en moyenne de + 15 °C et non de – 18 °C, ce qui interdirait la présence d'eau liquide et donc toute présence de vie telle que nous la connaissons sur notre planète. L'effet de serre est donc un phénomène physique avéré, indispensable au développement de la vie animale et végétale, et nécessaire à la survie d'*Homo energeticus*.

Léger détail, les gaz à effets de serre n'ont pas tous les mêmes capacités à absorber ce rayonnement infrarouge. Les plus efficaces sont dans l'ordre la vapeur d'eau (H_2O), le dioxyde de carbone (CO_2 ou gaz carbonique), le méthane (CH_4), le protoxyde d'azote (N_2O) et l'ozone (O_3). La vapeur d'eau est présente naturellement et en grande quantité dans l'atmosphère du fait de l'évaporation des océans et des cours d'eau, c'est donc le GES qui contribue le plus à l'effet de serre (72 %). Le dioxyde de carbone est beaucoup moins présent naturellement dans l'atmosphère mais il est particulièrement efficace, aussi il contribue à hauteur de 25 % dans le phénomène de l'effet de serre et sa durée de vie dans l'atmosphère serait d'environ cent ans.

Mais alors, d'où vient le problème ?

Le problème vient du fait qu'au-delà de cet effet de serre « naturel » s'est ajouté un effet de serre, dit anthropique car il a pour origine l'activité d'*Homo energeticus*[5]. Depuis 1750, la concentration de GES dans l'atmosphère a augmenté d'environ 40 % et cela n'est pas linéaire. Une accélération est même apparue depuis 1960 et elle ne semble pas vouloir s'infléchir. Ainsi, le dioxyde de carbone est maintenant le plus gros contributeur de l'effet de serre anthropique, à hauteur de 65 %, suivi par le méthane à 15 % et les gaz de synthèse, tels que les CFC, les fluides réfrigérants de nos anciens réfrigérateurs, à hauteur de 10 %.

Voilà le cœur du problème. Depuis la révolution industrielle, accélérée par la production et la consommation mondialisée des Trente Glorieuses – les trente années qui ont suivi la Seconde Guerre mondiale –, l'activité d'*Homo energeticus* a augmenté considérablement, en utilisant du charbon, du pétrole et du gaz pour faire fonctionner des moteurs thermiques pour les industries et les véhicules. De plus, l'accroissement constant de la démographie a pour conséquence une augmentation de l'agriculture et de l'énergie dédiée au chauffage et à la climatisation des habitations.

L'équation est vertigineuse : l'augmentation exponentielle de la population mondiale associée à ses activités – industries, transport, habitat… – conduit inexorablement à une augmentation elle aussi exponentielle de l'accumulation des GES d'origine anthropique dans l'atmosphère. Les conséquences immédiates et sensibles sont le réchauffement climatique, l'épuisement des ressources en eau potable et en matières premières énergétiques, charbon et hydrocarbure.

Les climatosceptiques rejettent la causalité entre l'accroissement significatif de l'activité d'*Homo energeticus* et celui des émissions de GES et de la température à la surface de la planète. Ils considèrent que nous sommes dans un cycle géoclimatique de réchauffement de la planète en occultant totalement l'origine anthropique de ce réchauffement. Être sceptique est pour moi une approche scientifique de remise en question. C'est pour cela que le terme « climato-sceptique » n'est pas adapté et je préfère les nommer avec celui popularisé par mon collègue François-Marie Bréon : « climato-dénialistes ». Oui, nous sommes bien dans le déni lorsque la démonstration scientifique avérée ne constitue pas une réponse acceptable. Il s'agit pour eux d'occulter les + 1,5 °C[6], + 2 °C, voire + 4 °C prévus par les chercheurs à l'horizon 2050 et 2100 si rien ne change.

En 2022, environ 20 % des citoyens français se déclaraient plutôt climato-dénialistes[7]. Ils sont plus de 30 % dans le monde. J'essaye encore de comprendre comment un tel pourcentage est possible et je rapproche cela des 2 % de la population mondiale qui sont persuadés que la Terre est plate.

En 2021, l'excellent film *Don't look up* a fait bouger les lignes[8]. Il met en scène deux chercheurs confrontés au déni politique et médiatique alors qu'une comète fonce sur la Terre pour la détruire. C'est une parabole intelligente qui fait écho au problème du changement climatique, démontré par les scientifiques et remis en question par presque un tiers de la population mondiale.

Pourtant, les rapports annuels que publie la Société américaine de météorologie sont sans appel. Rick Spinrad, administrateur de l'Agence américaine d'observation océanique et atmosphérique (NOAA), dont les scientifiques ont dirigé le rapport sur l'état du climat en 2021[9], a confirmé : « Les données présentées sont claires : nous continuons à voir de plus en plus de preuves scientifiques des impacts mondiaux du réchauffement, qui ne montre aucun signe de ralentissement. Avec de nombreuses communautés frappées par des inondations qui ne se produisent que tous les 1 000 ans, des sécheresses exceptionnelles et une chaleur historique cette année, cela montre que la crise climatique n'est pas une menace à venir mais une chose à laquelle nous devons faire face aujourd'hui. »

Le constat est édifiant, depuis le début de l'ère préindustrielle, la température moyenne à la surface de la planète a déjà augmenté de près de 1,2 °C. La conséquence tangible est la multiplication des événements météorologiques extrêmes conduisant à des phénomènes de sécheresses et d'inondations associés à des incendies dévastateurs. Si rien ne se passe, le monde se dirige mécaniquement vers un réchauffement de + 2,8 °C d'ici à 2100, cela même si les engagements pris par les États dans le cadre de l'accord de Paris sont respectés, selon les experts climat du GIEC.

En 2021, le taux de gaz à effet de serre a encore augmenté dans notre atmosphère. La concentration en dioxyde de carbone était de 418 parties par million (ppm) environ, soit une augmentation de 2,6 parties par million depuis 2020. C'est la cinquième augmentation annuelle record depuis 1958, date de mise en œuvre de la mesure.

À la fin du XVIIIe siècle, soit au début de l'ère industrielle, le taux de dioxyde de carbone dans l'atmosphère était de 278 parties par million. L'augmentation durant l'ère industrielle a été extrêmement forte et rapide. Les 418 parties par million en 2021 représentent un taux de dioxyde de carbone présent dans l'atmosphère 50 % plus élevé que celui mesuré avant l'ère industrielle. Cet accroissement n'est pas linéaire mais exponentiel. Et c'est bien là peut-être que réside la source du problème. Il est compliqué de comprendre ce que représentent en pratique l'utilisation exponentielle de l'énergie et son impact sur le réchauffement climatique.

En effet, ce modèle de croissance semble difficile à concevoir pour notre cerveau et il conduit à un biais cognitif : le biais exponentiel. Le professeur de physique américain Albert Allen Bartlett avait pour habitude de remettre en question le terme de « croissance durable » et pour donner corps à cet oxymore, il avait coutume de dire : « La plus grande faiblesse de l'espèce humaine vient de son incapacité à comprendre la fonction exponentielle. »

Pour se rendre compte de cela, prenons l'exemple classique d'un grain de riz et d'un échiquier carré de huit cases de côté pour un total de soixante-quatre cases.

Pour illustrer une croissance linéaire, vous mettez un grain de riz sur la première case et vous ajoutez un grain à chaque case. Vous visualisez facilement la progression ainsi que les 64 grains de riz sur la dernière case, qui pèsent environ 3 grammes.

Maintenant, pour vous représenter une croissance exponentielle de 100 %, nous allons regarder de plus près le problème mathématique de « l'échiquier de Sissa »[10]. Imaginez un grain de riz sur la première case et puis doublez la quantité de grain à chaque case : 1, 2, 4, 8, 16, 32... À un moment donné, vous perdez le fil. Sauf si vous êtes un génie des mathématiques, vous aurez du mal à appréhender les $1{,}8\ 10^{19}$ grains de riz sur la 64e case. Les 18 milliards de milliards de grains de riz pèsent environ 700 milliards de tonnes, soit mille fois plus que la production mondiale de riz. Bref, vous voyez que j'arrive facilement à saturer votre cerveau avec une croissance qui donne le vertige et qui est sans commune mesure compatible avec la réalité perceptible.

C'est donc le biais exponentiel qui limite *Homo energeticus* dans la compréhension de son addiction à l'énergie et des conséquences environnementales associées.

Pourtant le constat initial ne date pas d'hier.

Le 14 août 1912, un quotidien néo-zélandais qui n'est pas resté dans l'histoire, le *Rodney and Otamatea Times, Waitemata and Kaipara Gazette*, publiait un article intitulé « La consommation de charbon affecte le changement climatique[11] ». Le texte, court, ne laisse aucun doute quant à l'impact de la combustion du charbon dans le possible réchauffement climatique : « Les fourneaux du monde brûlent actuellement environ 2 milliards de tonnes de charbon par an. Lorsqu'il est brûlé, s'unissant avec de l'oxygène, il ajoute environ 7 milliards de tonnes de dioxyde de carbone dans l'atmosphère chaque année. Cela fait de l'air une couverture efficace pour la Terre et tend à augmenter sa température. L'effet peut être considérable dans quelques siècles. » Ce texte prémonitoire destiné au grand public faisait écho à des publications scientifiques sur ce thème du réchauffement climatique possible d'origine anthropique et dont la plus ancienne daterait de la fin du XIXe siècle.

Et plus d'un siècle après la publication de l'article néo-zélandais et malgré la connaissance aboutie de ses impacts mortifères, le charbon représente toujours 25 % de l'énergie primaire consommée dans le monde. En 2021, 79 pays exploitaient encore plus de 2 400 centrales thermiques à charbon destinées à la production d'électricité, pour une puissance totale installée de près de 2 100 gigawatts[12]. À partir de la Seconde Guerre mondiale, le pétrole s'est invité aussi au festin énergétique, et cela de manière tout autant exponentielle.

Et le biais exponentiel n'est pas le seul responsable du retard incroyable pris dans la résolution du réchauffement climatique. Les entreprises du secteur des hydrocarbures ont investi beaucoup d'argent et d'énergie pour maintenir leurs profits colossaux et instiller le doute sur l'origine anthropique du réchauffement climatique. Certains scientifiques se sont même prêtés, consciemment ou inconsciemment, à la réécriture de l'histoire du climat. Malgré tout, au début des années 1980, tout était prêt pour qu'une prise de conscience globale soit généralisée et accessible au plus grand nombre, du fait des résultats scientifiques disponibles. Les gouvernements de la planète auraient pu s'organiser dès cette époque pour mettre en place des plafonds d'émissions qui auraient alors permis de limiter le réchauffement à 1,5 °C en 2100. Il a fallu pourtant attendre douze ans de plus pour que le sommet de Rio de 1992 jette les bases d'une action internationale significative. La conférence des Parties (COP) est née à la suite de ce sommet international et a donné naissance à la convention-cadre des Nations unies sur les changements climatiques. L'objectif de l'article 2 de cette convention signée par les 179 pays représentés est limpide : « L'objectif ultime de la présente Convention et de tous instruments juridiques connexes que la Conférence des Parties pourrait adopter est de stabiliser, conformément aux dispositions pertinentes de la Convention, les concentrations de gaz à effet de serre dans l'atmosphère à un niveau qui empêche toute perturbation anthropique dangereuse du système climatique. Il conviendra d'atteindre ce niveau dans un délai suffisant pour que les écosystèmes puissent s'adapter naturellement aux changements climatiques, que la production alimentaire ne soit pas menacée et que le développement économique puisse se poursuivre d'une manière durable[13]. »

Ce fut enfin la prise de conscience attendue mais finalement insuffisante car non suivie d'actions concrètes. Depuis 1995, les COP se sont succédé et, en 2015, la COP21, qui s'est tenue à Paris, a mis les gouvernements et les grands acteurs industriels des secteurs du pétrole et du gaz en face de leurs responsabilités[14]. La conclusion de ce sommet a donné lieu à la signature du fameux accord de Paris sur le climat. C'est le premier accord traitant du changement climatique considéré comme universel, signé par 192 pays et l'Union européenne, et proposant des mesures concrètes pour ralentir ce phénomène. L'objectif général de la COP21 était bien dans la continuité des COP précédentes afin de limiter à 2 °C le réchauffement planétaire par rapport à 1850. Mais l'ambition était plus volontariste car il était requis que les efforts des États devaient s'intensifier pour espérer limiter définitivement l'augmentation généralisée des températures à 1,5 °C en moyenne à la surface de la planète.

Pour être efficace, l'accord envisagé devait proposer des actions concrètes et pertinentes qui conviennent à tous les pays représentés afin qu'il soit effectivement ratifié. En même temps, il devait être juridiquement contraignant pour que les États signataires aient l'obligation morale de mettre ces mesures en place.

Il a été décidé que 1 000 milliards de dollars seraient utilisés pour lutter contre les effets du réchauffement climatique et investis dans le développement des énergies bas carbone, en particulier les énergies solaire et éolienne. De plus les pays les plus développés devaient débloquer chaque année de l'ordre de 100 milliards de dollars à destination des pays en voie de développement à partir de 2020, afin de les aider dans leur transition énergétique, en limitant l'usage des énergies fossiles. À noter que ce montant est un plancher appelé à augmenter les années suivantes. Chaque pays est libre de décider et de mettre en place les actions nécessaires afin de réduire ses émissions de gaz à effet de serre. Toutefois, une transparence dans le suivi des efforts mis en œuvre est garantie. Les pays signataires doivent obligatoirement faire un bilan tous les cinq ans de leurs progrès en matière d'émissions de gaz à effet de serre. Ils doivent aussi préciser les engagements pris pour la période suivante.

Finalement, l'accord n'est pas suffisamment contraignant d'un point de vue juridique. Les pays signataires doivent obligatoirement rendre des comptes sur leurs progrès obtenus, mais leurs objectifs individuels sont uniquement fixés par les gouvernements respectifs sous forme d'engagements nationaux – CDN, pour contributions déterminées nationales – qui sont remis aux Nations unies. Pour être mis en application effective, le texte devait être signé par au moins 55 parties représentant au moins 55 % des émissions totales de gaz à effet de serre. Ces conditions ont été remplies en octobre 2016. Toutefois, le 1er juin 2017, le président américain Donald Trump a manifesté un mépris caractérisé vis-à-vis de la réalité du réchauffement climatique en annonçant le retrait isolé des États-Unis de l'accord de Paris sur le climat. Cela montre bien la fragilité du dispositif, surtout lorsqu'il s'agit de protéger les emplois américains.

Alors, que s'est-il passé ?

Cinq ans après la COP21, les cinq plus grands industriels du secteur pétrolier auraient investi « uniquement » 3,6 milliards d'euros dans des projets de recherche et de développement bas carbone, à mettre en regard des 100 milliards d'euros originellement prévus pour ces actions. En revanche, selon une étude publiée en 2019 et mise à jour en 2022 par l'ONG InfluenceMap[15], ces cinq géants du secteur de l'hydrocarbure auraient investi entre 2015 et 2020 un milliard d'euros pour financer des actions de lobbying visant à revoir l'agenda climatique, influencer les réglementations nationales et européennes, et orienter en leur faveur les positions des médias. À noter qu'en 2018, ces mêmes cinq compagnies ont généré 55 milliards de profit. Nous voyons bien la hauteur de l'enjeu économique pour les géants des énergies fossiles et que l'intérêt financier de retarder les investissements lourds en faveur de la protection du climat s'avère crédible.

Pourtant, l'urgence de lutter contre le changement climatique ne cesse de se rappeler au bon souvenir d'*Homo energeticus*. Pour preuve, le jour du dépassement de la Terre (« *Earth overshoot day* » ou EOD) arrive de plus en plus tôt dans l'année. Il correspond à la date de l'année, calculée par l'ONG américaine Global Footprint Network, à partir de laquelle l'humanité a consommé l'ensemble de ce que les écosystèmes de notre planète peuvent régénérer en une année[16]. Il s'agit alors de confronter notre empreinte écologique à la biocapacité de la Terre. Je suis né au milieu des années 1960 et le jour du dépassement de la Terre était à cette époque autour du 25 décembre. En 2023, ce jour fatidique était le 2 août, date à partir de laquelle nous consommons plus que ce qui peut être produit sur les surfaces disponibles pour absorber les GES que nous émettons. À partir de ce jour, nous vivons à crédit, puisant sur les stocks de l'écosystème de notre planète. Pour être à l'équilibre globalement, il fallait en 2023 pouvoir disposer de 1,75 Terre. Localement, le cas s'aggrave, car en France le jour du dépassement a eu lieu bien plus tôt, le 5 mai 2023. Il nous faudrait trois Terres et cela interroge sur le maintien de notre mode de vie et de consommation.

Alors que la date du jour du dépassement a avancé de deux mois en vingt ans, une analyse plus fine montre que 55 % de notre biocapacité est mobilisée pour nous nourrir. L'augmentation de la démographie a un effet de levier mécanique sur l'augmentation de notre production agricole qui ne va pas uniquement servir à l'alimentation, puisque le coton pour le textile, l'huile de palme et la canne à sucre pour les agrocarburants, le bois pour le chauffage… vont mobiliser des engrais, des pesticides, de l'eau et aussi beaucoup d'énergie. Tout cela en fait un poste majeur de production de GES.

Ces grands domaines énergivores qui impactent le climat

Il est maintenant temps de regarder quels sont les grands compartiments de nos vies et de l'industrie qui consomment massivement de l'énergie et donc impactent drastiquement le changement climatique. Afin de mieux appréhender les domaines sur lesquels il convient de prioritairement travailler pour réduire les émissions de gaz à effet de serre, il faut les identifier plus précisément.

En première approche, le GIEC retient les domaines suivants de l'économie mondiale comme principaux contributeurs aux émissions de dioxyde de carbone, dans l'ordre décroissant[17] :

- Production de chaleur et d'électricité (25 %)
- Agriculture, foresterie et utilisation des sols (24 %)
- Industrie (21 %)
- Transports (14 %)
- Autres activités liées à l'énergie : extraction, raffinage, transport... (10 %)
- Bâtiments (6 %)

Pour aller plus loin, une étude très précise de 2016 réalisée par le think-tank Our World in Data a proposé une répartition complète des grands domaines contributeurs planétaires à la production des GES[18]. Malgré les années, cette répartition reste toujours globalement pertinente.

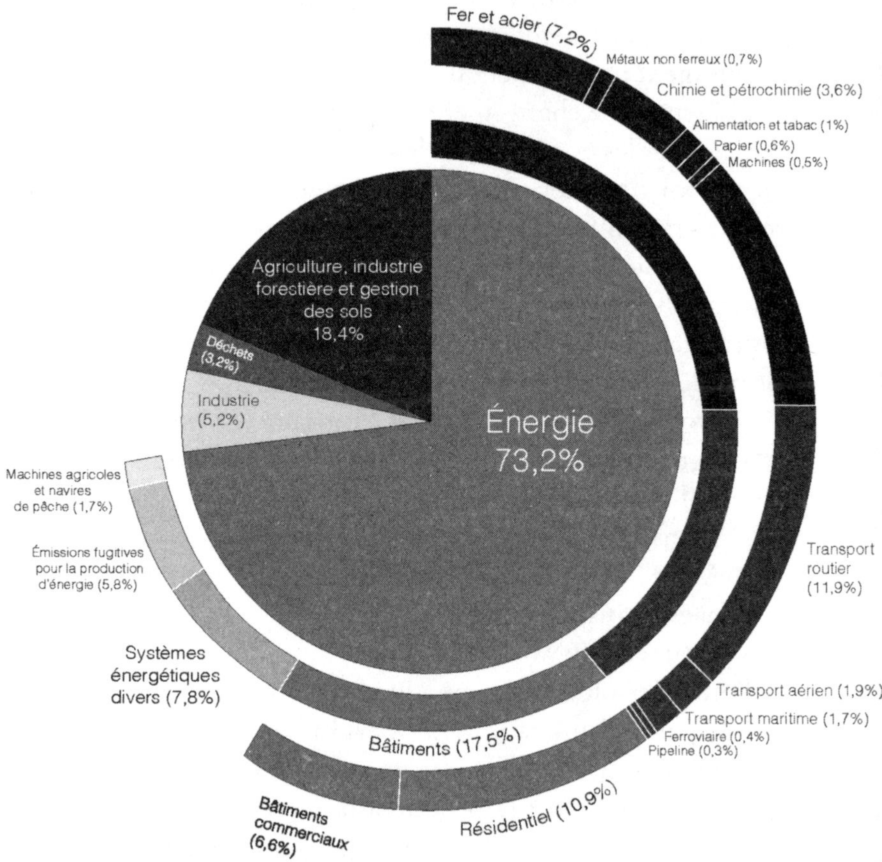

Émissions globales des gaz à effet de serre par secteurs en 2016.

Voilà, le constat est posé et le mode de vie d'*Homo energeticus* a pour conséquence la production de l'ensemble de ces émissions. Bien sûr, cette cartographie mondiale des émissions est variable selon les pays et même les régions du monde. Richesses et démographie vont structurer la demande énergétique à venir.

Finalement, la production et l'utilisation d'énergie au sens large représentent la majeure partie de nos émissions. Et c'est à partir de ce constat que se sont bâtis les principaux objectifs politiques et gouvernementaux ambitieux, au premier rang desquels se positionne la stratégie « Net Zero by 2050 » des Nations unies[19]. « Net Zero by 2050 » ou « Zéro émission nette en 2050 » signifie que les émissions de gaz à effet de serre doivent être réduites à un niveau aussi proche que possible de zéro d'ici à 2050. Les émissions restantes présentes dans l'atmosphère devront être réabsorbées de manière naturelle ou artificielle.

Quelle importance d'atteindre zéro émission nette ? Les scientifiques du GIEC ont montré à travers leurs différents rapports que pour éviter les conséquences dramatiques du changement climatique et maintenir notre planète habitable, l'élévation de la température mondiale doit être strictement limitée à 1,5 °C par rapport aux niveaux préindustriels. Comme nous l'avons vu précédemment, la température à la surface du globe est déjà supérieure d'environ 1,2 °C par rapport à celle enregistrée à la fin des années 1800, et les émissions continuent d'augmenter malgré la pandémie du Covid et les prises de conscience collectives. L'objectif de l'accord de Paris reste la mise en œuvre d'actions concrètes pour limiter le réchauffement à

1,5 °C et réduire nos émissions GES de 45 % d'ici à 2030, et enfin atteindre l'objectif de zéro émission nette d'ici à 2050.

La transition attendue vers un monde neutre en carbone constitue sans aucun doute l'un des plus grands défis auxquels l'humanité a été confrontée. En définitive, c'est la transformation totale et irréversible de nos modes de production, de consommation et de mobilité qui est au centre de cet objectif. Alors que le secteur de l'énergie est responsable de plus de 70 % des émissions de gaz à effet de serre aujourd'hui, c'est forcément lui qu'il convient de transformer irréversiblement pour qu'*Homo energeticus* puisse agir efficacement.

Assez naturellement, il s'impose à nous de remplacer l'énergie fossile et carbonée, produite par des centrales thermiques au charbon, au gaz et au pétrole, par de l'énergie capable de réduire les émissions de GES, produites à partir de sources renouvelables et/ou bas carbone, telles que l'énergie hydraulique, éolienne, solaire ou nucléaire. C'est la définition même de la transition énergétique.

La situation actuelle ressemble pour moi à une accumulation énergétique plus qu'à une possible transition. En effet, en dépit des efforts déployés dans le monde pour atteindre zéro émission nette, les sources carbonées représentaient encore en 2021 plus de 60 % de la production mondiale d'électricité, dont 36,5 % uniquement pour le charbon. Éoliennes et panneaux photovoltaïques ont bien progressé cette année-là, mais constituent *in fine* environ 10 % de l'électricité mondiale. Pourtant, les efforts sont réels dans de nombreux endroits du monde. Des pays et des grandes capitales affichent la volonté d'atteindre rapidement l'objectif de zéro émission nette, la Finlande ayant même annoncé une échéance à 2030. En pratique, plus de soixante-dix pays ont communiqué en ce sens, au premier rang desquels les trois premiers émetteurs de GES – la Chine, les États-Unis et les pays de l'Union européenne – qui couvrent plus de 75 % des émissions mondiales. Dans le secteur économique, plus de mille deux cents entreprises (BASF, Qantas, JD.com...) et plus de quatre cents institutions financières (Allianz Global Investors, UBS, Nomura AM...) montrent un désir d'investir dans les solutions technologiques et les pratiques permettant de réduire de moitié les émissions mondiales d'ici à 2030.

Au-delà de ces prises de position, souvent médiatiques, se pose la question de la réalité des actions et surtout de notre capacité à identifier les critères fiables et adaptés permettant d'évaluer que les entités non étatiques, les villes, les institutions financières et les entreprises sont bien engagées dans la trajectoire du net zéro en 2050. Pour cela, en 2022, le secrétaire général des Nations unies, António Guterres, a créé un groupe d'experts indépendants chargés de rédiger des recommandations pour suivre les engagements de zéro émission nette de ces entités.

Est-ce que cela marche ? Pour l'instant non.

Les chiffres sont implacables. Les engagements multiples énoncés précédemment par les cent quatre-vingt-treize parties signataires de l'accord de Paris sont insuffisants et conduiraient même à une augmentation significative de 14 % des émissions mondiales de gaz à effet de serre d'ici à 2030, par rapport aux niveaux de 2010. En cause, le fameux « effet rebond » qui interroge nos comportements vis-à-vis des économies d'énergie obtenues grâce aux développements techniques. Un exemple simple pour illustrer cela : si nous possédons une voiture plus économe, nous aurons tendance à faire plus de kilomètres et donc finalement à consommer plus de carburant.

Pour atteindre l'objectif de zéro émission nette, les pays ayant pris des engagements politiques et financiers doivent revoir leurs ambitions à la hausse. Logiquement, ceux qui émettent le plus, dont la France, doivent renforcer significativement leurs contributions déterminées au niveau national (CDN), sous peine de voir les COP s'enchaîner année après année et constater une situation au point mort.

D'ailleurs, en France, quelle est l'ambition politique ? Elle est principalement portée par la stratégie nationale bas carbone (SNBC)[20]. Introduite par la loi de 2015 relative à la transition énergétique pour la croissance verte, la SNBC constitue la feuille de route pour lutter activement contre le changement climatique. Elle a été révisée en 2020, en visant la neutralité carbone en 2050 avec une ambition volontariste par rapport à la première du fait de l'urgence climatique. Peut-être avez-vous fait partie des milliers d'*Homo energeticus* qui ont participé à la consultation publique entre janvier et février 2020 ? Si c'est le cas, je vous en félicite, sinon vous faites partie de la grande majorité des 68 millions d'habitants qui ne se souviennent pas que cette consultation a eu lieu.

La SNBC oriente les actions à mettre en œuvre dans tous les secteurs d'activité pour structurer la transition nécessaire vers une économie bas carbone, circulaire et durable. Elle fixe des objectifs de politique publique à court et moyen termes dans le cadre des « budgets carbone ». Ce sont des plafonds d'émissions de gaz à effet de serre à ne pas dépasser au niveau national, prenant en compte les départements d'outre-mer, sur des périodes de cinq ans, exprimés en millions de tonnes de dioxyde de carbone équivalent (eq CO_2).

L'objectif de réduire l'empreinte carbone des Français est ambitieux. Nous produisons en moyenne annuellement 10 tonnes d'équivalent CO_2 par habitant. L'objectif à atteindre est de 2 tonnes d'équivalent CO_2 d'ici à 2050. Les principaux postes d'émission de GES du citoyen français sont le transport (27 %) l'alimentation (24 %), l'habitat (19 %), la consommation (16 %) et les services publics (14 %). Nous verrons plus tard les différents leviers d'action possibles mais retenons que si tout le monde doit faire des efforts, les amplitudes ne sont pas les mêmes pour tous. En effet, 50 % de la population française la moins riche produit annuellement en moyenne 5 tonnes d'équivalent CO_2 par habitant. Pour les 40 % qui sont plus riches, la moyenne est de 9 tonnes d'équivalent CO_2 par habitant. Enfin, pour les 10 % les plus riches, nous atteignons une moyenne de 25 tonnes d'équivalent CO_2 par habitant. L'accord de Paris reconnaît un principe d'équité : les pays ayant le plus contribué au changement climatique, prenant en compte leurs émissions de GES passées et actuelles, et ayant la capacité de réduire leurs émissions, doivent jouer un rôle plus actif dans l'action climatique mondiale. Je pense que ce principe s'applique aussi naturellement à un pays comme la France, avec une réflexion centrée sur la consommation d'énergie.

C'est là que doit se porter notre attention car c'est un domaine complexe, au sens multifactoriel du terme. Les réflexions qui vont suivre sont en partie issues d'un travail collectif réalisé au sein du CEA en 2019, un travail qui visait à mieux positionner la recherche dans le domaine des énergies bas carbone en regard du changement climatique.

Le contexte de départ est que le secteur de l'énergie doit faire face à des défis majeurs en ce XXIe siècle. Ils résultent principalement de la tension entre un besoin croissant de la demande des populations, elles-mêmes en progression constante, d'une part, et la nécessité de limiter la part donnée aux énergies fossiles, d'autre part. À cela s'ajoutent les tensions géopolitiques, telles que la guerre en Ukraine, qui ont accéléré la prise de conscience de la dépendance de l'Europe vis-à-vis des hydrocarbures, russes en particulier. En 2022, la notion de souveraineté nationale s'est invitée à la réflexion traditionnellement fondée sur une approche économique et environnementale.

De nombreux États misent donc sur l'électrification de différents secteurs : habitat, industries, transports. Ainsi, adossé à des mesures d'efficacité énergétique, il est très probable qu'un développement des usages de l'électricité, produite à partir d'énergies nucléaire et renouvelables, fournisse une partie de la solution en produisant des taux d'émission de carbone par kilowattheure les plus faibles possibles.

Le secteur de l'énergie est ainsi en profonde mutation. Ces mutations sont tout d'abord technologiques, avec la forte progression des performances des énergies renouvelables – solaire et éolien –, de la mobilité électrique et l'intégration croissante du numérique dans tous les compartiments de notre vie. Elles sont aussi organisationnelles au travers de la transformation des acteurs industriels de l'énergie qui se sont multipliés en Europe, avec plus ou moins de bonheur et de résilience vis-à-vis de la volatilité des prix de l'énergie observée ces dernières années. Enfin, les mutations sont sociales avec l'évolution du rôle des acteurs économiques dans le système énergétique et l'évolution des comportements et des usages de l'énergie. Les consommateurs deviennent parfois des consom'acteurs puisqu'ils ont la capacité de produire leur électricité, notamment via l'installation de panneaux photovoltaïques individuels.

La question est donc posée de l'évolution du système énergétique adapté à la survie d'*Homo energeticus*, appréhendé comme un système complexe transformant des ressources naturelles et fournissant des services à la société : électricité à la demande, chaleur et énergie thermique, solutions énergétiques pour la mobilité et produits industriels dont nous sommes dépendants (engrais, matériaux, produits chimiques...).

Pour un pays donné, développer un système énergétique décarboné nécessite d'intégrer différents vecteurs énergétiques obtenus à partir de procédés neutres en carbone, comme l'hydrogène ou d'autres composés chimiques qui permettront de réaliser des passerelles énergétiques entre les différents besoins, en les adaptant aux territoires. Tout cela doit s'inscrire dans une prise en compte des trois piliers d'une politique énergétique nationale : compétitivité économique, sécurité d'approvisionnement et respect de l'environnement.

Accompagner la transition du système énergétique implique donc de développer une approche intégrée, c'est-à-dire d'imaginer que ce système est forcément multivecteur. En clair, les réseaux électriques, de chaleur, de gaz et d'eau vont cohabiter avec un équilibre à trouver. De plus, la vision d'une énergie libre d'accès et abondante est révolue. Aussi, les systèmes énergétiques vont devoir s'équilibrer à divers niveaux, depuis votre véhicule, votre maison ou appartement, votre ville, votre région, votre pays, l'Europe... Des systèmes numériques seront donc nécessaires, pour équilibrer l'ensemble et répondre à la demande, faisant la part belle à l'intelligence artificielle (l'IA) qui va voler au secours d'*Homo energeticus*.

Tout cela reste conceptuel, alors comment le traduire par des faits concrets ?

La décarbonation de nos usages, expression que nous retrouvons largement dans les médias, signifie que l'électricité bas carbone va nécessairement remplacer les énergies thermiques d'origine fossile. Décarboner la mobilité, c'est utiliser plus de véhicules électriques et cela a du sens en France. Pourquoi ? Eh bien parce que notre mix électrique est un des plus décarbonés dans le monde du fait de l'utilisation d'énergies renouvelables, associées à une énergie pilotable décarbonée, l'énergie nucléaire, qui constitue environ 70 % de notre mix. Si nous nous comparons avec la Pologne ou la Chine par exemple, vous comprenez que l'usage des véhicules électriques aura moins d'impact positif dans ces pays car ils utilisent encore beaucoup de charbon.

En définitive, nous allons utiliser en France de plus en plus d'électricité bas carbone et c'est la conclusion qu'a rendue le Haut-Commissariat au Plan en 2021 dans un document intitulé « Électricité : le devoir de lucidité »[21], alors que la part de l'électricité dans notre mix énergétique global était de l'ordre de 25 %. À l'horizon 2050, la part envisagée de l'électricité sera comprise entre 55 et 65 %. Nous allons devoir utiliser toutes les sources décarbonées pour répondre à cette demande. Aussi, opposer énergies renouvelables, parfois intermittentes, et énergie nucléaire pilotable décarbonée est un combat d'un autre temps. Aucune de ces énergies prises séparément ne pourra répondre à une demande d'énergie telle que nous l'envisageons. C'est vrai, le monde va changer, nous verrons plus tard les scénarios énergétiques possibles, mais ce qui est important selon moi, c'est de réfléchir sur la convergence des énergies bas carbone, permettant d'utiliser autant que possible le soleil et le vent lorsqu'il y en a, en déconnectant de façon saisonnière notre parc nucléaire du réseau, et en le réactivant rapidement lorsque les conditions météorologiques se modifient défavorablement.

Un mix électrique équilibré, ce n'est pas seulement une production décarbonée, cela va beaucoup plus loin. Pour illustrer cela, imaginez *Homo energeticus* au centre d'un triangle dont un des sommets rassemble les systèmes de production décrits précédemment. La part de plus en plus importante des énergies renouvelables intermittentes,

20 % et bientôt 30 % voire 40 % au sein de notre mix électrique va nécessiter des solutions de flexibilité et de stockage, c'est le second sommet du triangle. Partons du principe que l'électricité a le mauvais goût de ne pas bien se stocker en gros volumes et sur de longues durées. Je voudrais tuer ici le fantasme de la batterie de grande taille qui un jour permettra de stocker l'énergie adaptée au fonctionnement d'un pays industrialisé sur une durée significative. Des chercheurs anglais ont étudié la batterie théorique qui permettrait de stocker cinq jours de production électrique nécessaire au fonctionnement du Royaume-Uni. Elle aurait la taille de la grande pyramide de Gizeh. Imaginer la quantité de lithium, nickel et cobalt correspondant à ce volume donne légitimement le tournis. Les batteries sont efficaces et pertinentes pour des actions locales voire ciblées comme la mobilité légère. Au-delà de quelques heures, le stockage journalier voire saisonnier est possible avec d'autres dispositifs. En effet, les stations de transfert d'énergie par pompage (STEP) sont des solutions efficaces[22]. Prenez deux réservoirs d'eau, par exemple deux barrages, séparés par une altitude significative. Lorsque l'électricité est disponible, elle alimente des pompes qui remontent l'eau du bassin inférieur vers le bassin supérieur. Inversement, lorsque l'électricité se fait rare, l'énergie potentielle du bassin supérieur va alimenter des turbines qui vont produire de l'électricité comme dans un barrage classique, et l'eau sera récupérée dans le bassin inférieur. C'est très intéressant mais cela nécessite des empreintes au sol, c'est-à-dire des surfaces mobilisées importantes, similaires à celle des barrages

en définitive. Le système est donc contraint par notre géographie et inonder des vallées dans les Alpes pour créer de nouvelles STEP serait forcément impopulaire. Pour le stockage saisonnier, une solution qui s'impose à nous est l'utilisation de l'hydrogène. Ce dernier est à la mode, beaucoup de personnes en parlent et oublient que c'est d'abord un vecteur énergétique. En effet, il n'y a pas de sources naturelles d'hydrogène. Le reformage du méthane est le procédé historique utilisé pour produire de l'hydrogène à partir de méthane en produisant donc du dioxyde de carbone, beaucoup de dioxyde de carbone. L'objectif technique est maintenant de fabriquer massivement de l'hydrogène en cassant la molécule d'eau H_2O pour la transformer en H_2 (hydrogène) et O_2 (oxygène), sans produire de CO_2 (dioxyde de carbone). Pour cela, il faut des électrolyseurs qui fonctionnent avec de l'électricité, décarbonée en France. Donc, lorsque l'été les conditions météorologiques sont favorables eu égard au vent et au soleil, il est possible de fabriquer de l'hydrogène décarboné qui, lui, a le bon goût de pouvoir se stocker. Et durant l'hiver, lorsque l'électricité devient rare et précieuse, l'hydrogène peut être transformé en électricité à l'aide de piles à combustible. L'hydrogène est aussi imaginé pour décarboner la mobilité lourde, c'est-à-dire à l'usage des camions, des trains, des navires et peut-être un jour des avions.

Le troisième sommet du triangle va représenter le transport d'électricité et les réseaux intelligents. *Homo energeticus* a pu bénéficier en France d'une certaine abondance en matière d'accès à l'électricité du fait des choix politiques faits au début des années 1970, en réponse au premier choc pétrolier qui avait mis en évidence notre forte dépendance aux hydrocarbures. Le fait de se doter d'un parc électronucléaire significatif nous a mis à l'abri pendant des décennies des coupures électriques. Cinquante ans plus tard, avec une demande attendue croissante en électricité pour décarboner nos usages, couplée à une crise énergétique en lien avec la guerre en Ukraine en 2022, le gouvernement français a formalisé sans ambiguïté le fait que nous sommes sortis de l'ère de l'abondance. Nos réseaux doivent maintenant s'adapter précisément à la demande des consommateurs. Pour illustrer cela, prenons l'exemple des véhicules électriques. Nous avions en 2022 environ 38 millions de véhicules particuliers, en très grande majorité propulsés par un moteur thermique. Prenons un objectif réaliste de 20 millions de véhicules électriques en France à l'horizon 2035, date de la fin possible de la vente de véhicules thermiques en Europe[23]. Avec un million de véhicules électriques nécessitant en théorie 1 GW de puissance électrique installée, nous parlons donc de 20 GW de puissance nécessaire, c'est-à-dire le tiers de la puissance nucléaire installée à ce jour en France. Heureusement, vous allez me rétorquer à juste titre que tous les véhicules ne vont pas faire un appel de puissance en même temps. Toutefois, imaginons que plusieurs millions de véhicules se branchent en même temps autour de 19 heures, un pic bien connu lorsque les salariés rentrent à leur domicile. Cela veut dire que les réseaux d'électricité vont forcément dialoguer avec la batterie de votre véhicule et, grâce à l'intelligence artificielle qui connaîtra vos habitudes de vie, la recharge de votre batterie se fera de manière décalée dans la nuit. Vous bénéficierez *in fine* d'une batterie chargée entre 6 heures et 8 heures le lendemain matin, pour rejoindre votre lieu de travail. Allons plus loin, si vous êtes en télétravail à votre domicile, votre batterie de voiture est pleinement chargée à 19 heures et le système du réseau électrique local va potentiellement utiliser l'électricité de votre batterie pour amortir le pic de fin de journée dans votre immeuble, votre quartier… Pour répondre précisément à la demande, nos réseaux sont condamnés à devenir intelligents. C'est la raison pour laquelle vous retrouverez souvent le terme de « *smartgrid* », réseau intelligent en français, pour les qualifier.

Nous avons dessiné un triangle « production-stockage-réseau » qui permet de visualiser un mix électrique bas carbone. Ajoutons à l'intérieur de ce triangle une flèche circulaire qui est souvent oubliée et qui symbolise l'économie circulaire des matériaux et des matières. En effet, au-delà de l'énergie nucléaire, même les énergies renouvelables sont concernées par l'accès limité aux matières premières. Alors que la force motrice peut être renouvelable (l'eau, le vent ou le rayonnement solaire), les systèmes qui les constituent ne le sont pas. Les pales d'éolienne, les panneaux solaires, les batteries et les électrolyseurs qui produisent de l'hydrogène ne poussent pas sur les arbres. En particulier, les terres rares et les métaux stratégiques, tels que le lithium, le cobalt et le dysprosium, sont en quantité finie à la surface de la planète, et distribués de façon hétérogène. Aussi, réfléchir à un mix électrique global implique d'imaginer des systèmes constitutifs optimisés en matière de quantité d'éléments chimiques stratégiques et conçus pour que ces derniers soient largement recyclés.

Voilà dressé le constat actuel de la dépendance d'*Homo energeticus* à l'énergie. Les conséquences globales de cette addiction sont maintenant sensibles et motivent l'urgence du besoin de repenser une transition énergétique réelle à l'échelle nationale, européenne voire mondiale des systèmes énergétiques.

Dans son *Histoire des variations des Églises protestantes*, publiée en 1688, Jacques-Bénigne Bossuet écrivait de manière prémonitoire : « Mais Dieu se rit des prières qu'on lui fait pour détourner les malheurs publics, quand on ne s'oppose pas à ce qui se fait pour les attirer. » Nous ne pourrons pas nous affranchir de nos malheurs environnementaux si nous continuons à utiliser les systèmes énergétiques du XXe siècle. Nous sommes condamnés à changer et comme l'expliquait un autre grand penseur, Albert Einstein, le monde ne sera pas détruit par ceux qui font le mal, mais par ceux qui regardent sans rien faire.

Voilà donc le moment de la perception d'un monde fini, de la fin de l'abondance énergétique et le moment de changer notre mode de pensée pour réduire notre dépendance à l'énergie.

3
ENTRE SOBRIÉTÉ, BESOINS ÉNERGÉTIQUES CROISSANTS ET SOUVERAINETÉ DES NATIONS

« Houston, nous avons un problème. »

Cette phrase emblématique* prononcée le 13 avril 1970 par l'astronaute Jack Swigert, membre de l'équipage d'*Apollo 13*, est restée durablement ancrée dans notre mémoire collective. Popularisée par différents films ou documentaires, la saga du trio d'astronautes confronté à une situation dramatique continue de m'émerveiller. Collé devant l'écran d'un poste de télévision aussi gros

---

* La véritable phrase prononcée par Jack Swigert est : « *OK, Houston… we've had a problem here.* »

qu'une armoire normande, j'ai le souvenir en noir et blanc d'une capsule arrivant dans l'océan, auréolée de trois parachutes, que je jugeais ridiculement petit. Incapable de comprendre la tension autour de moi – j'avais 5 ans à peine –, j'ai ressenti toutefois le soulagement de mes parents lors du sauvetage avéré des astronautes. Bien des années plus tard, je trouve à cette aventure humaine et scientifique un écho inattendu, en lien avec la situation que nous vivons à présent. Très logiquement, *Homo sapiens* pourrait alerter *Homo energeticus* pour lui dire : « Planète Terre, nous avons un problème. »

Dans le documentaire *To the Moon... and Back ? – 13 Factors That Saved* Apollo *13*, la Nasa identifie les treize facteurs ayant sauvé la mission *Apollo 13*, qui contre toute attente a eu beaucoup de chance[1]. Je ne vais pas tous les détailler mais en retenir quelques-uns, remis en perspective du fait de la situation actuelle, pour illustrer mon propos.

Tout d'abord, il faut noter que l'accident d'*Apollo 13* a été causé par l'explosion puis la rupture d'un réservoir d'oxygène du module de services. Par effet de cascade, la perte d'oxygène entraîne une perte drastique d'électricité, car oxygène et hydrogène étaient utilisés dans les piles à combustible développées pour produire l'électricité nécessaire au pilotage de l'astronef. L'imprévu majeur se traduit en fait par un problème de quantité d'énergie disponible, ce qui nous ramène bien à la situation d'*Homo energeticus*. Après les succès des missions *Apollo 11* et *Apollo 12*, la mission *Apollo 13* se déroulait avec un désintérêt du grand public, blasé par ces aventures lunaires qui avaient alors un air de « déjà-vu ». L'accident nous a rappelé la fragilité de ce genre d'aventure et du monde qui nous entoure. Finalement, il a eu lieu avec le meilleur timing possible. En effet, si l'explosion s'était produite plus tôt, l'équipage n'aurait pas eu assez d'énergie pour survivre au voyage retour. Au contraire, un accident survenu plus tard aurait empêché la Nasa de remettre le vaisseau spatial dans une orbite lunaire haute, lui permettant ainsi par accélération gravitationnelle de revenir vers la Terre en consommant un minimum d'énergie. *Homo energeticus* est lui aussi face à cet agenda d'une actualité brûlante. Nous avons vu précédemment qu'une prise de conscience précoce du changement climatique n'a servi à rien pour des raisons parfois peu avouables. Si notre prise de conscience effective ne se fait pas maintenant, alors il sera trop tard pour redresser notre trajectoire climatique et la maintenir en dessous d'une valeur d'augmentation de 1,5 °C à l'horizon 2050.

Jim Lovell, Fred Haise et Jack Swigert étaient pilotes d'essai. Ils avaient été formés à agir en urgence et à prendre en quelques secondes des décisions qui conditionnaient leur survie. Ils ont donc migré vers le module lunaire (LEM) pour y survivre plusieurs heures à trois dans un habitacle conçu pour deux. Pour économiser l'énergie, ils ont dû faire preuve d'un niveau de sobriété énergétique ultime qui a conduit à un changement climatique majeur à leur échelle : vivre plusieurs jours à des températures juste supérieures à zéro. Nous ne sommes pas tous des pilotes d'essai mais nous avons quelques années au maximum pour prendre les bonnes décisions concernant notre futur énergétique. En revanche, nous n'avons pas à ce jour de module supplémentaire à notre vaisseau « Terre ». Alors comme l'équipage d'*Apollo 13*, nous sommes condamnés à reproduire ce que *Homo sapiens* sait faire de mieux depuis sa révolution cognitive : travailler en mode collectif. C'est ce qui a permis aux ingénieurs de la Nasa de transformer les modules d'épuration d'air provenant du LEM pour les mettre en œuvre dans le module de service. Les premiers étaient rectangulaires et les seconds cylindriques. Ils remplissent la même fonction mais avaient fait l'objet de deux appels d'offres différents. Cela interroge sur le fait que les économies doivent se faire au bon endroit et que cela ne peut, ne doit pas être le seul levier de décision.

C'est réconfortant de découvrir que malgré tous les exploits accomplis par la Nasa, le sauvetage de la mission *Apollo 13* est celui dont cette administration est probablement la plus fière. C'est aussi un exemple des capacités d'*Homo sapiens* et de sa technologie face à une situation critique.

Cela doit inspirer *Homo energeticus* qui n'est finalement rien d'autre qu'un *Homo sapiens* shooté à l'énergie.

Je fais sourire mes collaborateurs lorsque, devant une situation compliquée, je leur dis régulièrement : « Soit on met *La Traviata*, on ouvre le gaz et on attend la fin, soit on se bouge. » Récemment, ils m'ont quand même fait remarquer qu'avec l'augmentation du prix du gaz, j'avais intérêt à trouver une allégorie moins coûteuse.

Oui, je m'ajoute humblement à la cohorte de personnes qui exhortent à agir maintenant, car les conséquences sociales et humaines du changement climatique et de notre « énergeticobésité » sont malheureusement tangibles et l'urgence n'est plus une question.

Des conséquences tangibles

La première conséquence est la migration climatique.

En 2021, la Banque mondiale a indiqué sans ambiguïté dans ses rapports « Groundswell » (2018 et 2021[2]) que le changement climatique constitue un facteur de migration qui ne va cesser de croître d'ici à 2050. Environ 215 millions d'*Homo sapiens*, provenant des six régions les plus pauvres du monde, seront contraints de migrer à l'intérieur de leur propre pays[3].

Ces endroits, vous les connaissez : Asie du Sud, Asie-Pacifique et Asie centrale, Europe de l'Est, Afrique du Nord et subsaharienne et Amérique latine. De nombreuses images de populations décimées par les inondations, les ouragans et les typhons font le tour de nos informations télévisées. Les populations les plus pauvres vont quitter leurs régions natales du fait de l'absence d'accès à l'eau potable ou à des terres cultivables, parfois en raison de la montée du niveau des océans. Ces mouvements de population qui s'accélèrent jusqu'en 2030 vont ensuite s'intensifier jusqu'en 2050 si aucune mesure n'est prise pour agir sur le climat dans leur propre pays.

En tant qu'expert des migrations climatiques et membre du GIEC, François Gemenne[4] nous invite à nous préoccuper d'urgence de cette situation car, selon lui, pour quatre migrants dans le monde, trois sont des migrants internes – ils restent dans leur propre pays – et le dernier est un migrant international. Selon les chiffres précédents, 70 millions d'*Homo sapiens*, environ l'équivalent de la population de la France, vont rejoindre les pays les plus riches pour espérer échapper aux conséquences du changement climatique. Le spectre de ces réfugiés arrivant en masse dans les pays occidentaux est un levier pour les discours d'exclusion et xénophobes. Ils alimentent les replis nationaux des pays industrialisés, que nous voyons apparaître partout à la surface de la planète. Mon ami Roland Lehoucq, astrophysicien et vulgarisateur de génie, m'a dit un jour : « Tu vois Stéphane, finalement nous n'aurons aucune fierté à être les derniers sur le tas de cadavres. » Lors d'un de nos repas où nous avons l'habitude de refaire le monde, nous étions arrivés à la conclusion que les pays dotés de l'énergie suffisante pour se chauffer ou se climatiser seraient de toute façon voués à disparaître, même en l'absence de réfugiés climatiques. Être les derniers à disparaître ne peut pas être un projet d'avenir. Occulter les troubles sociaux qu'engendre dans le monde la disparité de l'accès à l'énergie et aux biens de première nécessité est une erreur historique.

La seconde conséquence tangible est la réponse des pays censés être privilégiés vis-à-vis de la situation anxiogène. Rappelez-vous les paroles d'Hubert Védrine citées précédemment et qui préfigurent le monde d'après la prise de conscience d'*Homo energeticus* : voici venu le « temps de l'hystérie ». En 2022, la France comptait environ 3,5 millions de personnes souffrant d'écoanxiété. Il existe même un mot savant pour qualifier cette forme de souffrance causée par le changement climatique : la solastalgie. Cette détresse, consécutive à un sentiment d'impuissance conjugué à une culpabilité, est anticipatoire mais bien réelle. Elle semble toucher toutes les générations mais les plus jeunes y sont largement réceptifs. En France, environ 85 % des 18 à 30 ans seraient concernés et touchés par le changement climatique et ses conséquences. Cela concerne aussi les catégories socioprofessionnelles les plus aisées, ce qui est logique. Quand vous n'avez pas l'assurance de pouvoir nourrir vos enfants ou payer votre facture d'électricité, l'angoisse du monde ravagé par le changement climatique n'est pas une priorité. Choisir entre « la fin du mois » et « la fin du monde » n'a pas la même intensité pour tous les *Homo energeticus*.

La solastalgie se manifeste par les symptômes malheureusement classiques du stress (perte de poids, de sommeil…), mais ce qui me frappe le plus dans mon entourage direct, c'est le nombre croissant de jeunes couples trentenaires qui, après réflexion, ont pris la décision de ne pas avoir d'enfant. Je ne sais pas si cela va s'accentuer mais je n'ai pas retrouvé dans l'histoire de l'humanité beaucoup d'exemples d'une régulation de la population dont *Homo sapiens* aurait été consciemment acteur en réponse à une anxiété environnementale. Il me semble que c'est un devoir des générations les plus âgées d'accompagner les plus jeunes. Avoir des enfants est, à mon avis, d'abord un acte d'amour et ce sont eux qui porteront les solutions à venir, notre rôle étant de leur permettre de les trouver, de garder toutes les options ouvertes.

Une autre conséquence possible de l'écoanxiété est le refus de l'impuissance et il se traduit symétriquement par une montée en puissance des actions radicales. Des actions non violentes et symboliques existent, comme celles portées au départ par Extinction Rebellion, un mouvement de désobéissance civile en lutte contre « l'effondrement écologique et le dérèglement climatique ». Aujourd'hui, Roger Hallam, un des fondateurs d'Extinction Rebellion, indique que « le changement interviendra quand les prisons déborderont de militants »[5]. La radicalisation devient forcément une option pour ces organisations.

Les manifestations contre le transport aérien ou la « fast fashion », la mode consumériste, ont aussi pour but de sensibiliser le plus grand nombre à la réalité de la situation. Mon épouse Caroline a créé en 2021 une start-up, SuitUs, qui développe une cabine d'essayage en ligne pour lutter contre le retour des vêtements achetés dans le e-commerce. En moyenne, 30 % des achats en ligne de vêtements sont retournés à leurs fabricants en Europe. Pour la France, en matière de volume annuel de dioxyde de carbone rejeté, cela correspond à huit mille trajets en avion entre Paris et Amsterdam. Caroline est une accro du shopping en ligne, tendance *Homo energeticus* urbaine, et en voyant les cartons s'empiler dans le couloir de notre appartement parisien, elle a pris conscience de sa propre incohérence et a cherché des solutions pour consommer au plus juste.

Le transport aérien est aussi remis en question, plus précisément à travers la multiplication des sites sur les réseaux sociaux qui pistent les jets privés. J'y vois un sentiment d'impuissance amplifié par le fait qu'une partie de la population qui devrait être exemplaire en raison de sa capacité à pouvoir s'investir concrètement dans la lutte dans le changement climatique ne l'est finalement pas. En effet, lorsque nous mettons des stars de la téléréalité, des joueurs de football ou bien des chefs d'entreprises internationales et des transporteurs d'organes pour des greffes sur le même plan, cela veut dire que nous sommes dans une confusion totale. Oui, la profusion de trajets aériens via des jets privés est une gabegie insupportable d'un point de vue symbolique, du fait de la disproportion des chiffres. En cinq heures de vol, un jet privé va émettre 10 tonnes d'équivalent CO_2 à comparer aux 10 tonnes d'équivalent CO_2 produites annuellement par un Français « moyen »[6]. Certes un passager de jet privé génère entre cinq et quinze fois plus d'équivalent CO_2 qu'un passager d'un avion commercial mais, en réalité, les volumes de dioxyde de carbone mis en œuvre sont faibles en regard des 3 à 4 milliards de passagers annuels des avions commerciaux. Toutefois, le symbole reste puissant et il a suffi aux propriétaires français de jets privés de devenir anonymes via des immatriculations à l'étranger pour disparaître des écrans radars des activistes sur Internet. Il faut donc une prise de conscience mondiale pour que ces utilisateurs soient contraints de prendre des avions commerciaux, largement suffisants pour répondre aux besoins de mobilité intercontinentale. Pour aller plus loin, Jean-Marc Jancovici, le président de The Shift Project, s'est considéré comme favorable « à un système communiste qui limiterait, pour les riches et les pauvres, le nombre de vols à 3 ou 4 dans une vie[7] ». Au-delà de l'effet d'annonce forcément médiatisée, cette proposition radicale interroge sur sa mise en œuvre réelle. Je pense que réfléchir dès maintenant au développement d'avions plus économes en énergie pour les trajets professionnels par les vols commerciaux et à la réduction du trafic de nos aéroports par de nouveaux modes de loisir qui limitent les vols low cost serait plus opératoire.

Justice sociale et changement climatique

Avec toutes ces actions, *Homo energeticus* a porté la question du changement climatique sur le plan de la lutte des classes, entre ceux qui voudraient consommer encore plus d'énergie et ceux qui en consomment beaucoup et qui peuvent rapidement faire évoluer la situation en renonçant à des choses que les plus pauvres n'ont pas. L'aspect politique prenant l'ascendant, nous voyons se multiplier des marches « pour le pouvoir d'achat et la lutte contre le changement climatique ». Ce sont là deux injonctions contraires car la réponse à la question du pouvoir d'achat est par exemple la baisse du prix des carburants, ce qui veut dire une consommation accrue et, par effet rebond, un impact négatif accentué sur le changement climatique. Le terme même de « pouvoir d'achat » m'interroge, car il ne recouvre pas uniquement l'idée de « capacité à acheter » : aurions-nous du pouvoir uniquement lorsque nous achetons des biens de toutes natures possibles ? Entre consommation et sobriété, ce n'est donc pas si simple et nous y reviendrons plus précisément un peu plus loin.

L'histoire en marche ouvre naturellement la voie à une radicalisation plus symbolique. Les jacuzzis éventrés ou les trous des parcours de golf remplis avec du ciment pour protester contre l'usage abusif de l'eau lors des canicules en 2022 sont des pas supplémentaires. La question est légitime : entre un parcours de golf et la culture maraîchère, que faut-il privilégier durant l'été ? Le golf est considéré comme un sport de nantis, mais cela ne justifie pas, selon moi, des dégradations décrites précédemment. Elles témoignent juste d'une réaction d'impuissance vis-à-vis d'une autorité politique qui n'arbitre pas la question de l'utilisation prioritaire de l'eau. La priorité est de produire de la nourriture, sans la gaspiller, tout en permettant aux golfeurs de taper leur fer 7 dans un environnement adapté à notre réalité. Comme évoqué en introduction de ce livre, un parcours de golf dans la vallée de la Mort aux États-Unis, est-ce de l'hystérie ou un simple égoïsme environnemental ?

Le symbole, toujours le symbole… Que dire de l'action des deux activistes qui ont jeté de la soupe à la tomate sur *Les Tournesols* de Van Gogh et qui se sont ensuite littéralement collées, à la colle forte, sur les murs de National Gallery de Londres en 2022 ? En soutien à la cause de Just Stop Oil, une organisation qui promeut l'arrêt immédiat de l'utilisation du pétrole, elles ont posé la question suivante : « Qu'est-ce qui a la plus grande valeur, l'art ou la vie[8] ? » La confusion est totale et l'objectif est ici de jouer sur nos émotions et pas sur notre réflexion. Pierre Bourdieu assurait avec raison que les faits divers sont aussi des faits qui font diversion[9]. Pour justement ne pas tomber dans ce biais, et derrière la colère qui m'a animé, j'ai essayé de comprendre la cause de ma réaction... émotionnelle. Finalement, et comme beaucoup d'*Homo energeticus*, je n'accepte pas que quelqu'un m'impose ce qui est bien ou mal, en particulier de cette manière. Je souhaite pouvoir bâtir ma réflexion sur des éléments objectifs et pas à partir du petit catéchisme de prophètes de l'environnement, et surfant sur des peurs millénaristes. À l'émotion revendiquée ici pour justifier les actes précédents, j'oppose la réflexion et, pour faire bouger les choses, je conseille la lecture du roman d'Olivier Norek, *Impact*[10]. Un roman policier sur la cause environnementale peut faire bouger durablement les consciences, au moins autant qu'un happening de quelques minutes relayé sur les réseaux sociaux car la lecture d'un livre nécessite plusieurs heures de concentration voire de réflexion.

Albert Camus savait que tout ce qui dégrade la culture raccourcit les chemins qui mènent à la servitude. Et puis, si je suis taquin, la colle utilisée par les deux jeunes femmes et par les autres activistes qui ont « adhéré » au mouvement en stigmatisant *Les Meules* de Monet ou *Massacre en Corée* de Picasso... est probablement obtenue à base de pétrole. De plus, une des deux jeunes femmes scotchées aux *Tournesols* arborait une chevelure rose fluo. Il faut bien relever que la teinture utilisée d'origine chimique a forcément un impact sur l'environnement. Le symbole était donc là, pétri d'incohérences. Bien sûr qu'il faut limiter l'utilisation des ressources fossiles telles que le pétrole, mais l'arrêt brutal est juste inconcevable, notamment car c'est aussi la matière première de référence de la chimie mondiale. Toutefois, cela s'avère plus compliqué que prévu et je doute que s'en prendre à des chefs-d'œuvre de l'humanité soit pertinent. L'histoire nous apprend que lorsque c'est la culture qui est victime des activistes voire des extrémistes, alors oui, nous sommes au bord de la rupture. Comme aimait à le répéter le philosophe Vladimir Jankélévitch, les motifs de la vie sont plus importants que la vie elle-même[11].

Vers une radicalisation environnementale ?

Cette possible radicalisation est anticipée par divers gouvernements. Lorsque le président américain Joe Biden a été élu en 2020, fidèle à son habitude, la CIA a publié peu de temps après ses prévisions des tendances à venir pour la planète d'ici à 2040, dans un rapport intitulé « Un monde plus contesté »[12]. Ce rapport indique que l'écoterrorisme – menaces, intimidations ou actes de violence contre des biens ou des personnes physiques commis au nom de l'écologie – va conduire à des actions violentes en réponse à l'impuissance vis-à-vis du changement climatique et de la cause environnementale. Ces menaces devraient augmenter significativement, sur le continent américain et en Europe en particulier. Il en est de même pour les causes nationalistes. Le terrorisme fondé sur une pseudo-identité nationale en réponse à une migration accrue des pays les plus touchés par le changement climatique devrait lui aussi connaître un accroissement réel.

L'erreur historique commise par de nombreux pays dirigés par des nationalistes est de croire que l'identité d'*Homo energeticus* est uniquement nationale. Elle est à ce jour largement planétaire. Et nous sommes maintenant en prise avec des injonctions contraires, croître ou périr. Chaque décision gouvernementale aura un impact bien au-delà de ses propres frontières et nous voilà inexorablement liés pour trouver des solutions. Mais pourquoi, alors que nous pouvons maintenant démontrer qu'*Homo sapiens* arrive au stade de son évolution où son addiction à l'énergie va accélérer sa perte, il ne peut pas spontanément infléchir cette trajectoire ? Y aurait-il un bug dans la révolution cognitive que nous avons décrite précédemment ?

Le journaliste Sébastien Bohler a tenté de donner des pistes de réflexion dans son livre *Le Bug humain*[13]. Notre injonction biologique, comme pour les levures de brasserie, est de croître pour sauvegarder l'espèce. Et cette croissance avide d'énergie est liée à la notion de plaisir. Pourquoi voulons-nous nous balader et nous distraire aux quatre coins de la planète, affirmer notre statut social par des transports en jet privé, en yacht luxueux ou en SUV, y compris pour acheter notre baguette, passer des heures sur nos tablettes à regarder les dernières séries sur Netflix ou Amazon Prime ou bien surfer sur des sites pornographiques, partager des cassoulets, des raclettes, des couscous ou des barbecues ? Eh bien parce que, fondamentalement, nous sommes conditionnés pour aimer cela. Sébastien Bohler indique que nous apprécions ces activités parce qu'une partie de notre cerveau répond continuellement à ces comportements par une sensation de plaisir. En effet, cette partie de notre cerveau qui regroupe notre système neuronal de récompense contient en son cœur une zone appelée « striatum ». Cette zone associe nos comportements énergivores avec la libération concomitante d'une molécule particulière, la dopamine, appelée aussi hormone du plaisir. Bien connue des biochimistes, elle nous procure un sentiment de plaisir immédiat, de satisfaction en récompense à certaines actions. Ce mécanisme se retrouve dans les sentiments amoureux, sexuels, et il est à la base des addictions en tout genre. Voilà donc une explication biologique possible de l'addiction d'*Homo energeticus*. Elle est bien sûr réductrice comme le soulignent Sébastien Bohler ou encore Thierry Ripoll, chercheur en psychologie cognitive et auteur de *Pourquoi détruit-on la planète ?*. Cette approche indique juste que si *Homo energeticus* en a l'occasion, il va stimuler son striatum à la recherche du plaisir immédiat et cela sans limite. C'est peut-être là que réside le problème parce que cette recherche du plaisir infini semble liée à l'idée d'un accès à l'énergie lui-même infini et sans impact sur la planète.

La réponse biologique de la dopamine à la question de l'addiction est forcément insuffisante et même dangereuse. En effet, elle pourrait avoir pour conséquences de justifier qu'*Homo energeticus* n'est pas plus malin que les levures de brasserie et il ne peut être tenu pour responsable des dégâts qu'il a causés car il est programmé biologiquement pour agir ainsi : survivre et transmettre ses gènes, avec la sensation de plaisir comme force motrice pour y parvenir.

La réalité de notre cerveau est bien plus complexe, siège d'interactions constantes entre le striatum et le cortex préfrontal. Ce dernier est situé à l'avant du cerveau, il exerce un contrôle de nos impulsions et peut être entraîné depuis l'enfance jusqu'à l'âge adulte.

Ainsi les interactions entre striatum et cortex préfrontal permettent d'inhiber la pure recherche systématique de plaisir instantané et permettent à *Homo sapiens* de devenir plus responsable à long terme et de justifier son appellation de « sapiens ». Ces interactions seront d'autant plus importantes que l'individu aura reçu des encouragements de ses parents, de ses professeurs et de la société tout entière.

La bonne nouvelle est qu'*Homo energeticus* n'a pas perdu le libre arbitre de son ancêtre *Sapiens*. Toutefois, il reste toujours conditionné par son entourage direct et par la société, dite de consommation. Le nombre croissant de personnes écoanxieuses, actives pour la cause environnementale ou plus généralement interrogatives à propos du monde qui se dégrade devant nos yeux, montre bien que ce que nous vivons en tant qu'espèce n'est pas inexorable. Alors pourquoi continuons-nous à brûler du pétrole et du charbon pour accéder à ces plaisirs immédiats ? En bref, à qui profite le crime ?

Programmé pour détruire la planète ?

La réponse peut paraître tarte à la crème mais c'est pourtant simple, *Homo energeticus* est avant tout un consommateur invétéré.

Depuis plus de cinquante ans, le bonheur que nous proposent les rois, les banquiers et même certains prophètes est celui de la société de consommation. Ainsi, la réponse « biologisante » est en compétition forte avec ce que Thierry Ripoll nomme la réponse « culturaliste »[14]. Cette dernière est politique et culturelle, et c'est elle qui structure les interactions entre striatum et cortex préfrontal. *Homo energeticus* n'est pas programmé pour détruire sa planète. En revanche, son mode de fonctionnement, basé sur une croissance mondiale, économique et démographique, va y contribuer. Si la croissance est un objectif, la consommation est son outil de prédilection. Les stratèges du marketing sont rompus aux techniques permettant de nous faire consommer toujours plus. Lorsque partir en vacances en avion une semaine à Punta Cana en mode « *all inclusive* » pour parfaire son bronzage sur la plage coûte moins cher que l'équivalent réalisé sur les côtes françaises, cela veut dire que le marché ne prend pas en compte la réalité sociale et environnementale. Le slogan « jouir sans entraves » de Mai 68 est devenu « consommer en toute liberté sans penser aux conséquences ». C'est donc ici que la liberté individuelle percute avec fracas la réalité collective.

Cette réalité, c'est celle décrite en 2008 par l'économiste Kenneth Boulding : « Celui qui croit que la croissance peut être infinie dans un monde fini est soit un fou, soit un économiste. » La force de cette phrase est qu'elle est énoncée par un économiste qui indique donc qu'une croissance infinie et par voie de conséquence une consommation infinie sont des leurres. Les scientifiques ont l'habitude de ne pas être entendus car ce qu'ils évoquent oblige souvent à se projeter loin. Les économistes sont au cœur de la vie de la cité et leur impact se voit à court terme pour les rois et les banquiers. Kenneth Boulding en une seule phrase explique que le modèle capitaliste fondé sur une croissance, et donc une consommation infinie, n'est pas soluble dans la cause environnementale. La boucle est bouclée, c'est le raccourci qui permet pour certains de faire une convergence entre lutte des classes et préoccupations du changement climatique. Les adeptes du grand soir qui promeuvent que le concert des nations va unilatéralement quitter le modèle capitaliste en un claquement de doigts pour sauver la planète auront du mal à me convaincre de l'opérationnalité du projet. Ce modèle capitaliste, fondé sur la mondialisation du libre-échange, est profondément inégal et il engloutit sans sourciller des tonnes de matières premières non renouvelables. Toutefois c'est celui qu'*Homo energeticus* a mis en place majoritairement à la surface de la planète, ou *a minima*, c'est le modèle auquel il aspire. Pour être exhaustif, l'histoire récente nous enseigne que les alternatives au modèle capitaliste que sont les modèles productivistes, collectivistes, totalitaristes ou fondamentalistes n'ont d'ailleurs pas fait mieux pour l'avenir de la planète.

Alors certains ont vu la lumière : la solution semble claire, après la croissance, passons à la décroissance. J'ai participé à plusieurs tables rondes avec des adeptes de la décroissance. Certains imaginent une décroissance soft, comme Philippe Bihouix, un adepte des low-tech. Nous partageons souvent le même constat et je dirais le même diagnostic de la situation. En revanche nous avons du mal à nous convaincre réciproquement du type d'action à entreprendre. Sans entrer dans la caricature de la comparaison avec les respectables Amish, en tant que chercheur, j'ai intellectuellement du mal à cohabiter avec le concept de décroissance. Sauf si notre planète est victime d'un accident de la circulation avec un astéroïde, la croissance de la connaissance scientifique sera infinie et je ne l'imagine pas décroître. Cela ne se traduit pas forcément de la même manière pour le progrès et le bonheur de l'humanité. Mais fondamentalement, *Homo sapiens* a pour objectif ultime la croissance et c'est ce qu'*Homo energeticus* en a fait qui pose véritablement un problème. Il faut donc distinguer croissance et consommation afin de ne plus parler de décroissance mais de déconsommation. Mon correcteur orthographique ne reconnaît pas encore ce néologisme, pour autant, il est maintenant défini par plusieurs auteurs[15].

La déconsommation se distingue de la décroissance par le fait qu'elle appelle à une réduction quantitative de la consommation mondiale, sans forcément impliquer une diminution de la croissance économique au sens de la création de richesse. Ainsi, la déconsommation appelle à consommer moins quantitativement mais beaucoup mieux qualitativement. C'est la traduction sociale de mon engagement scientifique et technique depuis trente ans au service des procédés de chimie durable. La meilleure définition que je peux donner pour décrire une chimie réellement verte est celle d'une réponse aux enjeux du XXIe siècle et qui permet de produire plus et mieux, en consommant et en rejetant moins. *Homo energeticus* étant une machine chimique, il pourrait intégrer ces principes dans sa vie quotidienne, par exemple pour son alimentation. C'est ce que propose la « slow food », avec l'objectif de manger moins, mais de consommer des produits de meilleure qualité. Mathématiquement, même si la consommation globale diminue, la richesse créée peut être équivalente, voire supérieure à ce que nous connaissons, puisqu'il y a création de valeur lorsque nous produisons des denrées de meilleure qualité dans de meilleures conditions.

Au-delà d'une vision d'un besoin de simplicité individuelle, de sobriété collective et de bannissement du gaspillage de nos ressources, la déconsommation est un acte de résilience. La situation de notre planète implique nécessairement des choix politiques à venir pour la déconsommation des ressources dont *Homo energeticus* est friand : l'eau et l'énergie. Pour le second point, cela n'implique pas de s'éclairer à la bougie mais de déconsommer les énergies fossiles pour consommer des énergies bas carbone qui vont générer une valeur ajoutée technologique certaine.

Je me sens humblement autorisé à décrire une situation qui mêle des enjeux sociétaux forts et de la recherche scientifique et technique de premier plan, à cause de la lecture d'un petit livre de quatre-vingt-dix pages paru en 1995 aux éditions de l'Inra[16].

Début 1995, je venais de soutenir mes travaux de thèse dans le domaine du génie des procédés dédiés à une chimie durable. Encore émerveillé de mon titre de docteur et papa d'un petit garçon de 2 ans, je me posais urgemment des questions quant à mon avenir de chercheur, dans la recherche académique ou bien dans l'industrie. Conscient de mon interrogation qui allait orienter profondément ma vie professionnelle, mon estimé directeur de thèse, le professeur Gilbert Rios, m'a parlé d'une conférence-débat de Bruno Latour, un sociologue, anthropologue et philosophe des sciences, qui s'était déroulé en septembre 1994. Les éditions de l'Inra venaient de publier un livre reprenant le texte de la conférence et intitulé *Le métier de chercheur. Regard d'un anthropologue*.

Je ne connaissais pas ce philosophe maintenant disparu et qui à l'époque n'avait pas encore l'aura d'un intellectuel majeur, mais j'ai été intrigué par le titre de ce livre que j'ai dévoré. Bruno Latour expliquait que les chercheurs sont parfois dans la recherche exclusive de la connaissance, isolés volontairement des stimuli externes de la société. D'autre part, la société cherche aussi parfois à se prémunir de la science et des chercheurs qui remettent en question la stabilité des rois, des banquiers et des prophètes, comme le font les chercheurs du GIEC. Et puis ce petit livre ouvre une troisième voie possible dans laquelle je me suis reconnu, celle de chercheurs qui ne sont ni pour ni contre la société, mais en son sein même pour y apporter leur contribution. C'est dans cet esprit que je suis entré en 1995 au CEA, avec la volonté de contribuer dans le domaine de la chimie et de l'énergie, et surtout de voir les recherches du CEA s'intégrer dans la vie de mes concitoyens.

Homo energeticus va avoir besoin rapidement de la science et des chercheurs, c'est d'ailleurs ce que conclut le rapport de l'Agence internationale de l'énergie paru en 2021[17] et qui étudie les feuilles de route énergétiques possibles pour atteindre globalement le « net zéro en 2050 ». Les technologies nécessaires pour parvenir à cette première étape d'ici 2030 existent globalement au niveau mondial mais environ 15 % ne sont pas encore déployées industriellement. Cela nécessiterait un budget d'environ 90 milliards d'euros et seulement 25 sont programmés et investis à ce jour. Apporter de l'énergie décarbonée d'ici à 2030, c'est-à-dire de l'électricité à près de 785 millions de personnes qui n'y ont pas accès actuellement et des solutions de cuisson propres aux 2,6 milliards de personnes qui en sont dépourvues, nécessiterait près de 40 milliards d'euros par an.

C'est environ 45 % des technologies nécessaires à cet objectif de neutralité carbone d'ici 2050 qui ne sont pas déployées industriellement, et nous parlons ici de plusieurs centaines de milliards à investir de la part des industriels et des gouvernements... Dans le domaine de l'énergie, seuls les industriels de l'Oil & Gas sont capables de tels niveaux d'investissement. Mon problème n'est pas qu'ils fassent des profits mais plutôt qu'ils ne les réinvestissent pas massivement dans le secteur des énergies bas carbone.

Les guerres, conflits, crises économiques et autres vont forcément ralentir ces investissements mais ils sont nécessaires pour préparer l'avenir. *Homo energeticus* peut déconsommer de l'énergie fossile et développer de la croissance bas carbone, générer des emplois et de la richesse pour les pays qui peuvent le faire.

Pour les guider, le choix de développer des systèmes à faible émission de dioxyde de carbone s'impose naturellement. Les chiffres d'émissions d'équivalent CO_2 par kilowattheure électrique produit sont compliqués à estimer[18]. En effet, il ne s'agit pas de calculer uniquement les rejets d'une centrale thermique ou solaire, il faut aussi comptabiliser les émissions de dioxyde de carbone issues de la construction des infrastructures, bâtiments ou barrages par exemple. Aussi, les ingénieurs utilisent une méthodologie appelée « analyse de cycle de vie » (ACV) qui permet de connaître l'impact environnemental d'une infrastructure énergétique sur l'ensemble de sa durée de vie, depuis sa construction jusqu'à son démantèlement. Les chiffres permettent de distinguer deux familles claires[19].

Tout d'abord les énergies bas carbone : nucléaire, éolien, hydraulique et solaire qui rejettent respectivement environ 6, 9-10, 10 et 25-30 grammes équivalent CO_2 par kilowattheure électrique produit. Ensuite, les énergies carbonées : gaz naturel, pétrole et charbon qui rejettent respectivement environ 440, 750 et 1 000 grammes équivalent CO_2 par kilowattheure électrique produit.

Si la première famille présente le plus de potentiel, *Homo energeticus* ne va pas s'affranchir immédiatement de la seconde. Ainsi, de nombreux travaux de recherche portent sur la capture et la séquestration, notamment dans des cavités géologiques, du dioxyde de carbone émis par ces centrales thermiques. En outre, des recherches plus fondamentales sont menées afin d'atteindre une économie circulaire du carbone, en faisant réagir du dioxyde de carbone avec de l'hydrogène pour fabriquer des molécules organiques, par exemple des carburants de synthèse. Cela demande beaucoup d'électricité et ne nous affranchit pas de l'utilisation de carbone, en revanche cela permet de faire voler des avions sans avoir à continuer à extraire du pétrole et évite de rajouter du dioxyde de carbone dans notre atmosphère.

Homo energeticus a donc besoin d'inventer son futur énergétique. Pour cela, il doit imaginer des histoires pour structurer une vision collective et partagée. La lutte contre le changement climatique et la stratégie net zéro en 2050 donnent des objectifs clairs jugés souvent non opérationnels. Chaque pays est souverain et doit bâtir sa stratégie énergétique en fonction de son histoire, des ressources dont il dispose et de sa capacité à importer et exporter de l'énergie.

Les pays qui ont, par exemple, fait le choix de dénucléariser leur énergie avant de la décarboner se sont heurtés au principe de réalité énergétique qui les a conduits à revoir leur politique, différer l'arrêt des centrales nucléaires, voire relancer des centrales thermiques fossiles. Dans ce dernier cas, les rejets de particules se déplacent malheureusement au-delà des frontières et ont un impact plus large que ce qu'on imagine. En 1999, le Parlement autrichien a inscrit à sa Constitution, une « loi pour une Autriche non nucléaire », interdisant l'usage de la fission nucléaire à des fins énergétiques, mais aussi à des fins militaires. Plus récemment, des députés autrichiens ont expliqué au

Parlement que l'Autriche serait en retard sur ses objectifs de décarbonation et que ces derniers devraient être renégociés avec la Commission européenne car, contrairement à d'autres pays européens, l'Autriche ne dispose pas... d'énergie nucléaire civile. Comme nous ne sommes pas à une contradiction près, le siège de l'Agence internationale de l'énergie atomique (AIEA) se trouve depuis 1957 à Vienne, et les Autrichiens n'ont jamais manifesté leur volonté de se séparer de cette agence prestigieuse.

En France, le choix de la décarbonation des activités et des usages est fait en électrifiant ce qui peut l'être tout en diminuant à terme la consommation d'énergie de 40 %. Cela est rendu possible dans notre pays car le mix électrique est d'ores et déjà décarboné à plus de 90 %. 40 % d'économie d'énergie d'ici à 2050 se traduit par des recherches plus importantes sur des procédés disposant d'une meilleure efficacité énergétique, plus économe et disponible à la demande. Cela veut dire aussi une sobriété accrue dont nous discuterons plus loin.

En 1973, lors du premier choc pétrolier, j'avais 8 ans. Je me rappelle bien la « chasse au gaspi » et de la célèbre phrase : « En France, on n'a pas de pétrole mais on a des idées. » La réponse de politique énergétique a été le développement d'un parc électronucléaire français qui, plus de cinquante ans après, nous permet d'avoir encore un mix électrique décarboné. Mais ce dont je me souviens, ce sont les conversations entre mon père et mon grand-père sur les limitations de vitesse à 130 kilomètres-heure sur autoroute et 90 kilomètres-heure sur route nationale. Le simple concept de limitation de vitesse était perçu par mon grand-père comme une attaque en règle de la liberté individuelle. Il était garagiste à Mont-de-Marsan et la voiture faisait partie de sa vie, donc la remettre en question était un drame social, dans un département rural comme les Landes. Dans les années 1980, j'ai eu la même discussion avec lui quant à la ceinture de sécurité obligatoire dans les véhicules, et j'ai bien compris combien il était compliqué de mettre sur le même plan liberté individuelle et baisse de la mortalité routière.

La limitation de vitesse et la ceinture de sécurité obligatoire sont devenues des acquis et la jeune génération aura le choix de les maintenir ou bien de les remettre en question. Je lui fais confiance, car c'est elle qui va faire bouger les lignes et inventer un narratif pour décrire un avenir qui sera sûrement différent en Asie, Afrique, Europe ou en Amérique. Comme l'écrivait Antoine de Saint-Exupéry dans *Citadelle* en 1948, pour ce qui est de l'avenir, il ne s'agit pas de le prévoir, mais de le rendre possible.

Quels sont les scénarios énergétiques possibles ?

Vous l'avez sans doute compris en lisant les lignes qui précèdent, le bonheur d'être chercheur réside aussi dans les rencontres auxquelles ce métier prédispose. Certains de mes collègues scientifiques sont devenus des amis et ils me permettent de m'endormir le soir avec le sentiment (ou l'impression) d'avoir compris de nouvelles choses importantes. Parmi eux, Bertrand Charmaison, le directeur de l'I-Tésé, l'institut de technico-économie du CEA, joue dans ma réflexion un rôle particulier et... ingrat. Il passe en effet beaucoup de temps à m'expliquer son domaine, mais je ne comprends pas toujours... Il me fait progresser dans la vision que j'aie de l'économie des énergies. En effet, la logique économique ne se soumet pas forcément au simple raisonnement scientifique. Pour moi, l'économie est compliquée à appréhender en raison d'un élément perturbateur : *Homo energeticus*. Derrière l'économie, comme l'ensemble des sciences humaines et sociales, une chose est compliquée à prédire : le raisonnement humain. C'est aussi ce qui rend ces matières fascinantes !

Homo energeticus est condamné à inventer la suite de l'histoire humaine avec un défi nouveau : il sait maintenant que s'il continue à se comporter au XXIe siècle comme il l'a fait lors des siècles précédents, il ne connaîtra pas d'avenir enviable.

Le diagnostic est sans appel, notre addiction à l'énergie doit être traitée en urgence, comme une maladie grave, sous peine d'engager le pronostic vital de l'espèce, en particulier pour les plus exposés d'entre nous. Certains pensent d'ailleurs que c'est globalement trop tard et qu'au mieux nous pourrons survivre sur un mode *Mad Max*, ce film postapocalyptique dans lequel les humains s'entretuent pour l'or noir et l'eau, devenus rares. À l'inverse, comme je l'ai écrit, pour d'autres raisons, dans une tribune dans *Le Monde*, « je reste convaincu que c'est précisément lorsqu'il n'y a plus d'espoir qu'il convient justement d'espérer[20] ». *Homo energeticus* peut, et doit, inventer une histoire énergétique réaliste et porteuse d'espoirs pour fédérer nos actions futures. C'est ici que mon ami Bertrand et son équipe entrent en jeu. Ils m'ont aidé à comprendre les principaux scénarios énergétiques dont nous disposons pour la France, dans un contexte européen. Vous me rétorquerez que s'intéresser à 68 millions d'*Homos energeticus* alors que la planète en compte déjà huit milliards est un tantinet réducteur. Et vous aurez raison, mais imaginons maintenant que la France soit un échantillon représentatif, au moins à l'échelle des pays de l'OCDE*, et que les enseignements que nous pourrons tirer serviront à éclairer d'autres situations.

Les scénarios énergétiques ne servent pas à prédire l'avenir, bien que certains « experts » énergético-médiatiques veuillent nous en convaincre. Même la Pythie de Delphes ne saurait lire les augures et prédire notre futur énergétique car il est éminemment multifactoriel. Selon le philosophe Henri Bergson, l'avenir n'est pas ce qui va arriver mais ce que nous allons faire. Cette tâche revient à *Homo energeticus*. À lui d'identifier les variables clés pour agir sur les scénarios afin de les rendre toujours plus pertinents, plus opérationnels et plus viables…

* L'Organisation de coopération et de développement économiques (OCDE) est une organisation internationale qui œuvre pour la mise en place de politiques meilleures pour une vie meilleure.

Scénariser les besoins énergétiques

Il existe deux façons de bâtir un scénario énergétique.

La première option consiste d'abord, à partir d'un narratif, à créer une histoire qui justifie ce scénario, sur une description de l'existant et en donnant la direction, comme imaginer un monde avec 100 % d'énergie renouvelable ou bien 100 % d'énergie nucléaire. Ensuite, il faut bâtir un jeu d'hypothèses sur le mode de vie actuel et futur d'*Homo energeticus* pour structurer la réflexion et construire un modèle. Il faut enfin nourrir ce modèle avec des données techniques, économiques, temporelles, etc. pour arriver à un résultat qui montre que oui, il est possible d'imaginer un scénario avec 100 % de ceci ou de cela.

Pour la seconde option, il faut à l'inverse partir du résultat. Pour moi, le résultat attendu est celui de la neutralité carbone en 2050. Reste ensuite à imaginer le jeu d'hypothèses réalistes qui permet de construire une histoire crédible et surtout fédératrice pour qu'*Homo energeticus* se mobilise et que les hypothèses deviennent des réalités.

Vous le voyez, un scénario énergétique est totalement dépendant de l'histoire que l'on raconte, c'est elle qui va donner du sens aux hypothèses associées. C'est ce qui rend l'exercice intéressant et hétérogène. Mes collègues de l'I-Tésé ont planché en 2021 sur les évolutions possibles de la production mondiale future d'électricité d'origine nucléaire. Pour cela, ils ont étudié cinquante-sept scénarios issus de vingt études différentes et les résultats obtenus montrent une production en 2100 qui varie entre 1 000 et 70 000 térawattheures. Les futurs possibles sont donc très volatils, et je vous laisse imaginer où se positionne le scénario de Greenpeace.

Mais avant de construire le futur, *Homo energeticus* doit regarder dans son rétroviseur. Nous l'avons vu, depuis 1800, nous sommes passés, en matière de consommation mondiale d'énergie primaire, de 10 000 à 150 000 térawattheures, avec une accélération significative depuis la fin de la Seconde Guerre mondiale. Cette croissance continue de la consommation d'énergie et des émissions de dioxyde de carbone associées provient d'un empilement successif des différentes sources d'énergie. Depuis deux cents ans, *Homo energeticus* n'a pas réalisé une transition énergétique mais une accumulation énergétique. Les scénarios énergétiques actuels proposent des chemins soutenables pour atteindre la fameuse neutralité carbone et surtout identifier des leviers opérationnels sur lesquels nous pourrions agir, y compris dans notre vie de tous les jours. Tous intègrent une baisse massive du recours au charbon et aux hydrocarbures, ce que nous avons été incapables de faire depuis deux siècles puisqu'ils représentent toujours les deux tiers de notre consommation d'énergie. C'est un bouleversement de la tendance historique qu'il faut donc imaginer. Mais c'est seulement à ce prix que nous ne verrons pas augmenter de 2 °C, ou plus, la température moyenne à la surface de la Terre.

Les innovations scientifiques seront-elles au rendez-vous ?

En 2021, le scénario « Net Zero by 2050 » de l'Agence internationale de l'énergie mise clairement sur l'innovation technologique pour imaginer un futur durable pour tous les habitants de cette planète[21]. L'hypothèse faite est que 85 % des *Homo energeticus* vivront en 2050 dans des logements zéro émission, que dès 2030, 60 % des véhicules vendus aux particuliers seront électriques et qu'en 2040 la moitié des carburants pour l'aviation seront décarbonés. Enfin, en 2050, 70 % de l'électricité mondiale sera obtenue par des panneaux solaires ou des éoliennes. À un léger détail près, pour satisfaire ces hypothèses, 45 % des innovations technologiques nécessaires ne sont pas encore déployées industriellement. Prenez l'électricité, pour la produire de façon durable, avec de l'hydrogène et des carburants bas carbone nécessaires, *Homo energeticus* doit débourser 90 milliards d'euros d'ici à 2030. Alors que nous vivons une réalité géopolitique et économique de type « VUCA* », de tels niveaux de financement de la recherche me semblent illusoires, au grand regret du chercheur que je suis.

En France, les principaux scénarios ont le même narratif initial autour de l'efficacité énergétique et de la sobriété. Mais l'histoire diverge ensuite. Pour notre transporteur national d'énergie électrique RTE, les scénarios de mix de production permettant d'atteindre la neutralité

---

* Cet acronyme anglais a été introduit par le US Army War College à la fin de la guerre froide pour décrire les environnements hors contrôle, c'est-à-dire « volatile, incertain, complexe et ambigu ».

carbone à l'horizon 2050 combinent sobriété et ambition industrielle. Pour l'association négaWatt, regroupant des professionnels de l'énergie et des citoyens autour du concept de « négawatt », l'unité théorique mesurant une puissance économisée, c'est la sobriété mais également des changements importants dans nos usages – moins de congélateurs, de consoles de jeux vidéo… – qui conduisent à nous passer d'énergie nucléaire[22]. De manière opposée, la stratégie proposée par une association telle que Cérémé* aboutirait à ne pas développer les énergies renouvelables car l'énergie nucléaire suffirait à couvrir nos besoins[23]. Enfin, l'Agence de la transition énergétique, l'ADEME, propose quatre scénarios pour 2050 qui misent sur l'avènement d'une génération frugale et sobre, sur un *Homo energeticus* qui va collaborer activement au sein de son territoire, sur un développement des technologies vertes ou encore sur un « pari réparateur », en clair il s'agit de sauvegarder nos modes de vie actuels tout en faisant confiance à *Homo energeticus* pour investir massivement, en temps et argent, afin de réparer notre société.

Ma préférence va aux scénarios de RTE car ils ont été construits avec des contributions multiples provenant d'acteurs industriels et académiques d'horizons différents. Et ils ont un objectif clair, celui de notre stratégie nationale bas carbone : passer de 1 600 térawattheures d'énergie consommée actuellement à 930 térawattheures en 2050.

---

* Le Cercle d'étude réalités écologiques et mix énergétique a été créé par des citoyens qui réclament un débat dépassionné et apolitique.

Ces 40 % de baisse de consommation sont associés à une augmentation de la part de l'électricité dans notre mix énergétique, de 25 % à 55 %. Le concept de sobriété vient en écho à l'annonce de « la fin de l'abondance » faite en 2022 par Emmanuel Macron[24]. Je ne suis pas sûr que tout le monde se soit senti concerné par cette déclaration, car le concept d'abondance n'est assurément pas le même pour tous nos concitoyens.

Efficacité énergétique et sobriété, l'indispensable combinaison

Revenons sur les concepts d'efficacité énergétique et de sobriété qui sont souvent confondus dans la même acceptation et qu'il convient pourtant de distinguer.

L'efficacité énergétique est un élément moteur de la recherche et de l'innovation technologique depuis plusieurs décennies. L'idée est de concevoir des systèmes et des produits qui consomment un minimum d'énergie pour une action donnée. Cela concerne aussi bien un panneau photovoltaïque plus efficace qu'un bâtiment qui va conserver la chaleur en hiver et la fraîcheur en été grâce à des matériaux isolants innovants. Miser sur l'efficacité énergétique, c'est finalement miser sur l'innovation technologique. C'est raisonnable. Certes nous ne connaissons pas notre marge de progression, mais je fais le pari qu'elle est encore significative.

La sobriété touche une autre dimension, celle de l'humain. C'est la capacité d'*Homo energeticus* à réduire sa consommation énergétique, spontanément, en réponse à une incitation, ou sous la contrainte. D'un point de vue politique, la sobriété, autrefois symbole de l'écologie culpabilisatrice et punitive, est devenue une nécessité, accélérée par la crise énergétique issue de la guerre en Ukraine. L'Europe, se coupant brutalement de l'accès au gaz russe, a dû affronter une crise énergétique et économique, remettant ainsi en visibilité les concepts de sobriété et de souveraineté.

Ce concept de sobriété a été enrichi par Sophie Dubuisson-Quellier, sociologue au CNRS, du terme anglo-saxon « *sufficiency* »[25]. Il interroge le mode de société qui permettra à *Homo energeticus* de vivre avec ce qui lui est « suffisant » en matière de ressources, en réponse à ses besoins primordiaux : nourriture, santé, éducation, culture... sans pour autant oblitérer les ressources de la planète et modifier durablement notre écosystème. La sobriété n'est pas uniquement assujettie au bon vouloir d'*Homo energeticus*, elle est conditionnée par sa capacité d'agir, selon ses revenus et sa localisation géographique. Les Français essayent de suivre les recommandations de limiter à 19 °C la température de leur domicile durant l'hiver 2022-2023, alors que 20 millions de personnes qui vivent dans la précarité énergétique aimeraient bien déjà atteindre ces 19 °C durant les mois les plus froids.

Mais insensiblement les choses évoluent. Je suis impressionné par la mobilisation de la jeune génération qui limite voire stoppe sa consommation de viande rouge. Il s'agit, disent-ils, de se soucier enfin du bien-être animal mais aussi de limiter la production d'un aliment grand consommateur d'eau et d'énergie. Ce qui est accessible à de jeunes urbains doit l'être aussi au plus grand nombre. Car si l'individu est au centre de l'action, seul le fonctionnement collectif sera la solution, c'est une fois de plus la leçon de toute l'histoire d'*Homo sapiens*. Cela passe d'abord par l'éducation, et c'est avec bonheur que je vois mon fils profiter, à la cantine de son école primaire du 15ᵉ arrondissement de Paris, d'un repas végétarien par semaine. Ensuite, il y a l'économie, qui doit permettre d'acheter à un prix accessible des repas décarbonés, la création de valeur est à repenser en ces termes.

La sobriété volontaire ou incitée par le collectif ne sera pas suffisante pour atteindre les 40 % d'économie d'énergie escomptés en 2050. Je suis persuadé que des contraintes seront nécessaires pour concrétiser ce projet.

Je repense à mon grand-père qui pestait au nom de la liberté individuelle contre les limitations de vitesse, alors qu'il devient maintenant indispensable que la vitesse sur autoroutes passe de 130 à 110 kilomètres-heure. Avec 25 % d'économie de carburant attendu, il ne s'agit plus de la liberté du citoyen mais d'un changement de société. Le cabinet d'économiste Asterès a publié en 2022 une note visant à calculer le gain financier induit par cette limitation de vitesse sur autoroutes associée à celle de la vitesse à 80 kilomètres-heure sur les routes à double sens de circulation[26]. Selon des hypothèses argumentées, ces limitations permettraient une économie annuelle moyenne de 149 euros par ménage, soit un gain de pouvoir d'achat d'environ 0,4 %. Au-delà des impacts environnementaux et liés à la sécurité routière, ce gain financier ne va pas résonner de la même manière dans toutes les classes sociales. 149 euros, c'est globalement le coût d'un plein d'essence d'un SUV qui, à l'achat, vaut environ 100 000 euros. Je ne m'attends pas à une adhésion franche et massive à cet argument de la part des propriétaires de ce type de véhicule.

Les hypothèses des scénarios énergétiques mondiaux du GIEC partent du principe qu'entre 40 et 70 % des réductions des émissions de gaz à effet de serre pourraient être obtenues en agissant sur la demande énergétique. Les différents scénarios n'ont pas vocation à se comparer entre eux car les indicateurs de mode de vie sont difficilement comparables. Toutefois, trois groupes d'indicateurs sont partagés : le logement, la mobilité et les biens de consommation.

Pour le logement, le type d'habitat définit l'emprise au sol d'*Homo energeticus* et donc son emprise énergétique. Une personne vivant en habitat collectif dense peut légitimement rêver d'une maison individuelle, la société de consommation le programme pour cela, l'inverse paraît moins intuitif. Les scénarios de l'ADEME ou de négaWatt prennent l'hypothèse d'une évolution en 2050 vers un habitat sur le mode petit collectif. Quant au nombre moyen d'habitants par foyer en France, il était supérieur à 3 en 1968 puis n'a cessé de décliner pour arriver à 2,19 en 2019, sans doute du fait de l'augmentation du nombre de familles monoparentales. Tous les scénarios imaginent une stabilisation de ce chiffre autour de 2, avec même une légère augmentation pour certains plus volontaristes en termes de sobriété. Enfin, la plupart des scénarios imaginent une diminution du volume d'eau chaude sanitaire consommée par personne par jour, et une baisse de 1 à 2 °C de la température de nos logements pendant l'hiver. Étrangement, peu d'hypothèses s'intéressent à la consommation de nos climatiseurs pendant les étés caniculaires à venir. Il semble pourtant nécessaire de rapidement recommander de fixer la température de consigne de 7 à 8 °C en dessous de la température extérieure.

Fin septembre 2022, j'ai été amené à discuter avec mes collègues du CEA de la nécessité de mettre la température à 19 °C dans nos bureaux et nos laboratoires, en réponse à la demande nationale de sobriété. Peu de temps après, je suis parti aux Émirats arabes unis pour une mission professionnelle. Arrivé à Abou Dabi où l'air ambiant atteignait les 42 °C, je me suis réfugié – à tort – dans ma chambre d'hôtel, où régnait un froid polaire à… 19 °C. J'ai compris ce jour-là que 19 °C est un concept relatif. J'ai raconté ma mésaventure à mes collègues du ministère émirati de l'Énergie, ils ont souri et m'ont répondu : « Oui, et en plus nous payons cher pour avoir ces 19 °C. »

L'autre groupe d'indicateurs important concerne la mobilité et le transport. Demain, *Homo energeticus* devra se rendre au travail ou sur ses lieux de loisirs en usant d'une mobilité douce : la marche, le vélo ou les transports en commun. Et s'il habite la campagne, la voiture risque d'être encore nécessaire mais ce sera forcément un véhicule léger. Comme pour l'habitat, se pose la question du taux de remplissage des véhicules. Il est en France d'environ 1,4 passager par voiture. Selon Ecov, partant du principe qu'*Homo energeticus* conduit des véhicules à 5 places, cela veut dire 3,6 sièges vides en moyenne par véhicule circulant sur nos routes[27]. En se fondant sur le kilométrage moyen effectué, cela signifie 2 000 milliards de places vides par kilomètre et par an, soit plus de treize fois l'usage actuel des transports en commun ou plus de deux fois le besoin de transport total de personnes en France !

Les hypothèses prennent en compte une diminution de l'étalement des grandes villes et une montée en puissance de l'habitat dans les cités de taille moyenne, ce qui permet d'imaginer qu'*Homo energeticus* puisse se mettre concrètement à la mobilité douce. Pour les longues distances, le train est privilégié, remplaçant la voiture ou l'avion. D'ailleurs, la notion même de véhicule particulier est remise en question avec les nouveaux services d'autopartage et de covoiturage. Le monde change et *Homo energeticus* évolue dans sa façon de se déplacer. J'ai passé mon permis de conduire à 18 ans, ayant déjà en poche mon permis moto depuis mes 16 ans. En réquisitionnant la voiture de mes parents, le permis de conduire était pour moi (dans les années 1980) le passeport pour la liberté, nous permettant à mes amis et moi de quitter les Cévennes enclavées où je vivais à l'époque, pour découvrir le monde, le vrai, sans limites.

À l'heure actuelle, le monde est à la portée de tous ou, plus précisément, le monde est directement accessible depuis son téléphone. Mes jeunes collaborateurs sont parfois surpris lorsque je leur demande s'ils disposent d'un permis de conduire, certains n'imaginant même pas pourquoi ils en auraient besoin. La liberté a pris une autre forme, c'est sûrement une bonne chose, mais je parlerai plus loin de conséquences associées. Pour *Homo energeticus*, la transformation dans la façon de se déplacer s'est accélérée avec la pratique du télétravail. La crise du Covid-19 a montré à un grand nombre qu'il était possible de travailler en passant ses journées en presque pyjama devant l'écran d'un ordinateur portable. Fini les pertes de temps et d'énergie dans les transports. Les employeurs ne s'y sont pas trompés puisque le télétravail permet de dimensionner à la baisse la surface des locaux en ville, avec des économies substantielles à la clé, en matière d'immobilier, d'énergie et de consommation d'eau. Ces charges sont donc reportées sur les salariés qui, eux, en contrepartie, économisent les coûts de transports. Des sociétés de la Silicon Valley proposent désormais à leurs salariés des contrats 100 % en télétravail. Il est donc possible de travailler pour un géant du numérique californien depuis le Guatemala. Pourquoi pas, sauf que votre salaire sera indexé sur le coût de la vie au Guatemala et non dans la Silicon Valley. Et les impacts énergétiques sont seulement délocalisés, car *Homo energeticus* doit toujours se chauffer et se climatiser…

Quoi qu'il en soit, force est de constater que parmi les hypothèses prises par RTE pour ses scénarios net zéro en 2050, l'une d'entre elles précise même que 50 % de la population française sera en télétravail à cet horizon. De quoi nous questionner sur le rôle social du travail et la discrimination entre les métiers télétravaillés et les autres. Avec mon ami Roland Lehoucq, nous nous amusons parfois à une expérience de pensée : et si demain la totalité des astrophysiciens ou des chercheurs en chimie verte disparaissaient, quel serait l'impact sur le fonctionnement du monde ? À court terme, personne ne s'en apercevrait. Et si demain la totalité des infirmières ou des opérateurs de centrales nucléaires disparaissaient ? À très court terme, nous serions plongés dans de grandes difficultés, pour ne pas dire plus. En 2050, il est donc prévu que, dans l'industrie, *Homo energeticus* puisse être soit col bleu, soit col blanc, soit pyjama…

Enfin troisième indicateur, les biens de consommation.

D'abord, l'alimentation. On l'a vu, c'est en changeant rapidement notre régime alimentaire que nous pouvons agir vite et efficacement sur la boulimie énergétique d'*Homo energeticus*. Limiter notre consommation de viande est déjà une tendance qui s'ajoute à des actions plus anciennes de type « manger local » avec des aliments produits dans un rayon de 200 kilomètres et si possible en boucle courte entre le producteur et le consommateur, via des marchés locaux par exemple. Cela veut dire aussi accepter la saisonnalité et un choix limité, comme nos grands-parents. Jusqu'à l'âge de 87 ans, ma grand-mère s'est rendue tous les samedis matin au marché de la place Saint-Roch à Mont-de-Marsan. D'abord à pied, puis à vélo pendant la Seconde Guerre mondiale, avant d'utiliser, toute fière, son Solex pendant les Trente Glorieuses, puis la voiture de mon grand-père. Au XXIe siècle, devenue veuve, elle s'est déplacée en TUM (Transport urbain montois) jusqu'à la fin de sa vie. Elle pratiquait sans le savoir la « mobilité douce » qui avait aussi pour vertu de limiter la quantité de nourriture transportée et de l'obliger à faire ses choix parmi des produits de saison. La génération de ma mère a pris, elle, la société de consommation de plein fouet. Je me souviens de l'apparition des premiers hypermarchés dans les années 1970 avec leur débauche de nourriture et surtout la découverte de produits exotiques : kiwi, saumon fumé et œufs de lompe. Les produits alimentaires se sont mis à faire le tour de la Terre. Enfant, j'ai été formaté au fait que les rayons croulent sous des centaines de types de biscuits, de yaourts ou de sodas. Les enfants sont les premières cibles des supermarchés et des industriels de l'alimentation et ils restent, une fois devenus adultes, leurs principaux prescripteurs. Comment refuser aux petits *Homo energeticus* des produits manufacturés aux emballages chatoyants, « vus à la télé » et dont l'impact environnemental délétère échappe à leur perception ?

À bien y réfléchir, nous pourrions y ajouter les aliments pour nos animaux de compagnie. En 2021, la France en comptait 76,4 millions, ce qui représente un marché de 5 milliards d'euros, dont 70 % dédiés à l'alimentation animale[28]. Cette dernière s'est maintenant adaptée, allégée, il existe même des croquettes bio. Personnellement, imaginer que nos chiens et chats sont mieux nourris que beaucoup d'enfants dans le monde m'est inconfortable, mais tandis que j'écris ces lignes, ma chatte Ginza sommeille mollement sur le canapé en attendant d'aller se servir à son distributeur électrique de croquettes médicalisées. Malgré tout, nos modes de consommation et notre régime alimentaire ne peuvent qu'évoluer, c'est ce que postulent les différents scénarios énergétiques.

Ma grand-mère était profondément convaincue que manger des tomates et des ananas en hiver était anormal, alors que discuter avec son volailler et sa laitière toutes les semaines en faisant son marché faisait partie de la vraie vie. Je l'avais beaucoup amusée en lui racontant cet *organic market* de San Francisco, qui apparaissait au début des années 2000 comme extrêmement novateur, simplement parce qu'il théorisait le fait de promouvoir des aliments produits dans un rayon de 120 kilomètres. Ce marché bio et local était un des premiers du genre. En discutant avec ses activistes alimentaires, gentiment prosélytes, ils m'avaient quand même confessé que leur régime alimentaire souffrait deux exceptions : les vins et les fromages français. En plus de la faire rire, cela avait rassuré ma grand-mère quant à la réputation de la gastronomie française.

Au-delà de son assiette, *Homo energeticus* utilise de très nombreux biens de consommation courante. Se pose donc la question de leur recyclage ou, *a minima*, de leur fabrication avec des matières premières recyclées. Amortir les impacts de l'énergie mobilisée pour fabriquer ces biens est un enjeu fort. Toutefois, le fait d'utiliser des objets ou des matières premières recyclées est orthogonal aux discours d'une société toujours « de consommation » qui nous promet jusqu'à présent un bonheur sans limite avec des produits neufs et modernes. Le concept de déconsommation que j'évoquais dans le chapitre précédent ne va pas de soi, même si la création de valeur est réelle. J'en ai fait la cruelle expérience avec quelques collègues chercheurs. En 1998, nous avons obtenu un prix scientifique pour une technique innovante que nous avions développée dans le domaine de la chimie verte : recycler les huiles usées issues de la vidange des véhicules thermiques. Nous avions sophistiqué le système afin de le rendre industrialisable. En effet, une fois réadditivées, les huiles recyclées sont, de manière contre-intuitive, plus résistantes que les huiles initiales. En fait, tout ce qui pouvait être brûlé l'a été lors du premier passage dans un moteur, il ne reste donc que les molécules les plus résistantes. Les écuries de Formule 1 ne s'y trompent pas puisqu'elles étaient grandes consommatrices de ces bases lubrifiantes. Confiants, nous avons voulu valoriser notre concept auprès des industriels du domaine, qui nous ont expliqué que des bidons d'huile de moteur recyclée n'avaient aucun avenir commercial dans les supermarchés et les garages de l'Hexagone. *Homo energeticus* aurait eu le sentiment de mettre une huile de mauvaise qualité dans son moteur et cela était rédhibitoire. Les huiles de moteur usagées continuent donc à servir de combustibles pour le plus grand bonheur des cimentiers. J'ai compris la leçon : une innovation, c'est d'abord un procédé qui a trouvé son marché. Aujourd'hui, je me remets à espérer de voir *Homo energeticus* déconsommer des matières premières fossiles finies, grâce à des procédés conçus pour réduire son empreinte énergétique et environnementale, un enjeu devenu évident.

Finalement, les divers scénarios énergétiques parient sur le fait qu'*Homo energeticus* puisse tourner une nouvelle page dans l'histoire de son rapport à l'énergie. Des hypothèses existent qui semblent crédibles, sur notre sobriété, sur le fait qu'une génération frugale monte en puissance, en même temps qu'une volonté de réindustrialiser notre pays et donc d'innover.

Notre monde se décarbone : mythe ou réalité ?

En 2022, une enquête réalisée par l'ADEME[29] a mis en évidence les représentations sociales du changement climatique et ce que pensent les Français vis-à-vis des leviers possibles pour lutter contre ce changement. 10 % estiment qu'il n'y a rien à faire et que c'est inévitable. 11 % imaginent que le progrès technique va permettre de limiter le changement climatique. Seulement 16 % considèrent que les États doivent rechercher un accord mondial. Enfin, dans un contexte de consensus qui dépasse partiellement le clivage politique gauche/droite, 62 % sont persuadés qu'il faudra changer nos modes de vie.

Oui mais jusqu'où pourrons-nous aller ?

Interrogés sur les changements nécessaires évoqués, les Français répondent majoritairement qu'ils souhaitent une distribution équitable des changements dans les modes de vie. Les plus jeunes (25-34 ans) souhaitent que les inconvénients soient compensés par d'autres avantages, tels qu'un temps libre étendu, plus de solidarité... En s'intéressant concrètement aux leviers possibles, l'enquête de l'ADEME montre que les leviers les plus efficaces – transports collectifs, vélo, covoiturage, vêtement d'occasion... – sont aussi ceux pour lesquels les Français sont les plus réticents. Cela montre bien qu'au-delà de l'énergie, *Homo energeticus* interroge aussi sa liberté individuelle et la justice sociale.

Et d'ailleurs, de quelle énergie avons-nous besoin : charbon ? hydrocarbures ? nucléaire ? renouvelables ?

Et pour les différencier, quel est le premier critère à prendre en compte ? Celui des émissions de dioxyde de carbone ou bien le taux de mortalité de chacune des énergies par térawattheure fourni ?

Pour les émissions, la réponse est déjà connue, c'est le nucléaire qui arrive sur la première marche du podium des bons élèves avec 6 grammes équivalent CO_2 par kilowattheure, suivi par l'éolien et l'hydroélectricité[30]. Pour la mortalité, le solaire et le nucléaire se partagent la première place avec respectivement 0,02 et 0,03 décès par térawattheure produit[31]. Vous pensez sans doute que les accidents de Tchernobyl et de Fukushima ne sont pas pris en compte dans ce résultat, pourtant c'est le cas. Ils sont statistiquement faibles en regard des milliers de personnes tuées par la pollution atmosphérique liée au charbon et aux hydrocarbures[32]. Sans surprise, si *Homo energeticus* se place du point de vue de sa santé et de son impact sur le changement climatique, il doit investir dans les énergies bas carbone pour produire son électricité, donc dans l'énergie nucléaire et les énergies renouvelables.

Maintenant, prenons l'autre grand critère pour comparer les scénarios, celui du coût. Le plus évident est d'utiliser le coût actualisé de l'énergie en euros par mégawattheure produit (ou LCOE pour « *levelized cost of energy* »). Il prend en compte l'ensemble des coûts et productions d'un équipement sur sa durée de vie. Il suffit, par exemple, de calculer la production d'énergie pendant toute la durée de vie d'un réacteur nucléaire, ou d'une éolienne, et de diviser cela par l'ensemble des coûts nécessaires à sa construction, son exploitation et aussi, en théorie, son démantèlement. C'est un peu plus compliqué que cela en réalité car il faut actualiser le coût sur plusieurs décennies, or les valeurs financières évoluent, en particulier du fait de l'inflation.

À priori, il serait simple de comparer les LCOE entre eux et de prendre une décision. En fait, le diable se cache dans les détails, car pour être exhaustif il faut ajouter un concept : le facteur de charge. Kézako ? Il s'agit du rapport entre l'énergie produite sur une période donnée divisée par l'énergie qu'elle aurait produite durant ce même laps de temps si elle avait fonctionné en permanence à pleine puissance. La période considérée est une année et le facteur de charge s'exprime en pourcentage. Les énergies renouvelables telles que le solaire et l'éolien sont intermittentes. Le facteur de charge varie bien sûr en fonction de l'emplacement géographique et des conditions météorologiques de l'année considérée[33] ainsi, les facteurs de charge des systèmes éoliens les plus récents atteignent 25-35 % à terre et 35-55 % en mer. Pour le solaire, ce facteur de charge est de l'ordre de 15-25 %. L'*Homo energeticus* prévoyant ayant intelligemment posé des panneaux photovoltaïques, largement subventionnés, sur son toit avec une puissance de 3 mégawatts aura, dans le meilleur des cas, 0,75 mégawatts disponible.

Pour le nucléaire, cela varie entre 68 et 90 % selon les années, avec une moyenne de 75 %, qui le place dans la famille des énergies pilotables, au même titre que les systèmes thermiques fossiles dont le facteur de charge est de l'ordre de 80 %.

Quand *Homo energeticus* s'intéresse au LCOE des énergies intermittentes, il oublie parfois qu'il faut intégrer des coûts additionnels de raccordement au réseau car ces énergies sont souvent décentralisées. Il faut aussi ajouter des coûts dits d'adéquation ou de « backup », c'est-à-dire ceux des systèmes de stockage ou de production à mettre en œuvre la nuit ou lorsqu'il n'y a pas de vent afin de maintenir de la production d'électricité. Enfin, alors que le taux de pénétration des énergies renouvelables intermittentes va augmenter, il faut y intégrer les coûts d'équilibrage qui consistent à monter ou descendre en charge afin de garantir la stabilité du réseau à tout moment.

Pour un mix équilibré entre énergies pilotables et intermittentes, le concept de LCOE n'est donc pas pertinent pour comparer les scénarios. Ce qui compte, c'est le coût du système énergétique dans son ensemble, intégrant production, flexibilité et réseau.

Nous voilà bien avancés…

Les ingrédients d'un futur énergétique désirable

Si *Homo energeticus* ne peut pas répondre clairement à la question du choix des énergies, c'est qu'il est trop tôt pour avoir la réponse. Il doit selon moi d'abord se demander : dans quelle société voudra-t-il vivre demain ?

Les scénarios évoqués précédemment ont l'avantage de rendre visibles trois éléments simples pour le guider vers un choix de société.

Le premier est celui de la sobriété.

Quel niveau de sobriété sommes-nous prêts à atteindre ? Il ne s'agit pas uniquement de baisser la température de nos logements en hiver. À quoi sommes-nous prêts à renoncer et, *a minima*, que sommes-nous prêts à changer rapidement ? Ce sont bien sûr nos habitudes alimentaires, nos choix de mobilité et donc aussi d'habitation. Par exemple, abandonner le rêve de la maison en bordure de ville qui nous est vendu comme un modèle depuis quarante ans. Quel type d'habitat collectif et quelle colocation sont acceptables ? Sommes-nous prêts à abandonner notre voiture ou moto au profit d'un système de transport global : de la marche à pied au train à hydrogène ?

Nos modes de travail vont évoluer mais nos loisirs aussi. Ils vont peut-être même converger étant donné l'avènement de travailleurs nomades[34] qui conjuguent télétravail et séjours de longue durée dans des endroits idylliques sur la planète. Être trentenaire et travailler dans le numérique semble plus adapté pour ce mode de vie, et il séduit beaucoup de candidats au changement.

Dans l'excellente bande dessinée *Le Monde sans fin* de Jean-Marc Jancovici et Christophe Blain, beaucoup de questions sont posées dont celle des loisirs. Ces derniers sont de plus en plus énergivores[35]. Un mois de vacances en camping à quatre dans une Citroën 2CV « coûte » 100 kilogrammes de dioxyde de carbone. Une semaine aux sports d'hiver, c'est 200 kilogrammes et sept jours à l'hôtel au Maroc, 980 kilogrammes. Vous l'avez compris et nous en avons déjà parlé, nos voyages en avion ou en bateau de croisière posent question. Sont-ils nécessaires ?

Et sommes-nous prêts à faire une croix dessus, comme certains voudraient nous l'imposer ? Car c'est bien la question, la sobriété à laquelle nous pourrons individuellement et collectivement arriver ne suffira pas. *Homo energeticus* connaîtra une sobriété contrainte sur ses modes de vie et ses façons de voyager, bien au-delà de la réduction de la vitesse sur autoroute.

Le second pilier est celui de l'intensité énergétique, et donc de l'ambition que nous avons pour l'industrie de notre pays et de l'Europe. La pandémie du Covid a remis en lumière le fait que des produits industriels, comme le paracétamol ou les masques chirurgicaux, n'étaient plus fabriqués sur notre territoire. Nous pouvons juger cela normal et, comme le Luxembourg, importer l'ensemble de nos biens de consommation. Ou bien nous pouvons avoir l'ambition de positionner des industries durables en France mais cela nécessite de bénéficier de quantités d'énergie significatives. Les annonces de créations de *gigafactories* en France dans le domaine des batteries ou encore de la production d'hydrogène indiquent que la réindustrialisation de notre pays passe par cette volonté d'avoir au plus près de nous des ressources industrielles.

Enfin, le troisième pilier est celui de la résilience, de l'indépendance énergétique. La guerre en Ukraine et la crise énergétique qui en a découlé furent des accélérateurs de la prise de conscience de la dépendance de l'Europe vis-à-vis du gaz russe. L'indépendance énergétique, qui avait disparu des débats depuis le choc pétrolier de 1973, est revenue brutalement au centre des préoccupations. L'objectif est maintenant de produire de l'électricité, de la chaleur et de l'hydrogène décarbonés, ou *a minima* de l'importer de zones du monde stables géopolitiquement. Cela pose la question des alliances internationales à redessiner mais aussi à pérenniser.

Ces trois curseurs vont mécaniquement induire le volume d'électricité à produire et prescrire le mix énergétique correspondant, avec le niveau d'énergie pilotable et d'énergie renouvelable attendu. Comme l'évoque souvent Jean-Marc Jancovici, les pays les plus contraints, par leurs ressources ou leur géographie, développent davantage un fonctionnement collectif. Effectivement, une fois qu'*Homo energeticus* aura positionné le curseur sur le niveau de sobriété, d'ambition industrielle et d'indépendance énergétique qu'il envisage, il faudra qu'il pense à appliquer cela aux 68 millions de Français, pas toujours d'accord entre eux.

Il doit donc se poser les questions dans le bon ordre et assumer les évolutions nécessaires sans céder aux dogmes. Le philosophe Jean-Paul Sartre expliquait que dans la vie « on ne fait pas ce qu'on veut et cependant on est responsable de ce qu'on est ». *Homo energeticus* sera responsable de ce qu'il n'aura pas essayé d'empêcher. Or l'arrivée d'un monde virtuel n'est pas forcément synonyme d'économies d'énergie.

4

LES CHIMÈRES DE LA TECHNOSCIENCE

Comme pour beaucoup d'entre nous, à la fin des années 1990, le numérique est entré dans mon univers professionnel et a tout changé.

Les e-mails, pardon : « courriels », en bon français, et les recherches sur Internet ont profondément transformé nos manières de travailler. Quand je raconte à mes étudiants que j'ai soutenu ma thèse en 1994, après trois ans de recherches sans accès à Internet, sans messagerie électronique et sans téléphone portable, je lis dans leur regard de l'incompréhension et parfois même de la tristesse à mon égard. Cela me donne l'impression d'être un mammouth laineux, une espèce certes respectable mais qui a déjà disparu. Ne vous méprenez pas, je ne suis pas nostalgique du monde d'avant ! Je serais même plutôt dans la disposition d'esprit du philosophe tintinophile (comme moi) Michel Serres qui, dans son ouvrage lumineux *C'était mieux avant !*, nous expliquait pourquoi, si nous retenons les leçons du passé, cela ira mieux demain[1]. « Avant » j'y étais, j'ai rédigé ma thèse sur le Macintosh SE d'Apple, un cube doté d'un écran monochrome qui faisait alors la fierté de notre laboratoire et dont j'ai revu un exemplaire, il y a quelques années, dans une vitrine du musée national des Arts et Techniques de Stockholm. J'étais avec mon petit garçon que cela a beaucoup amusé. Devenu grand, il a compris que l'ordinateur portable actuel, sur lequel j'écris ces lignes, pouvait lui permettre de jouer en ligne avec sa voisine, ses cousins dans le sud de la France et ses amis de l'île Maurice.

À la fin des années 1990, j'ai été invité à tester le premier système de visioconférence du CEA entre les centres de Pierrelatte et de Saclay. Sur l'écran, je voyais les images de mes collègues en banlieue parisienne et inversement. Nous étions projetés dans le futur et nous avons, avec cet état d'esprit enthousiaste, commencé la réunion. Ce fut un échec. Comme tout le monde parlait en même temps, le système se mit rapidement en défaut. Le technicien responsable de la visioconférence nous expliqua que le micro et la caméra se déclenchaient lorsque quelqu'un prenait la parole et qu'il fallait donc parler chacun notre tour, et idéalement lever la main avant de s'exprimer. Je lui ai répondu que le but d'une réunion d'échange entre chercheurs du nord et du sud de la France est de se couper la parole pour contre argumenter. Il répondit, très sérieusement : « Eh bien vous allez devoir vous adapter. » Il avait raison.

Pendant les incessantes visioconférences des mois de confinement pour cause de Covid-19, j'ai repensé à cette conversation et je me suis rendu à l'évidence : nous nous sommes adaptés aux systèmes numériques pour travailler et pour rester connectés dans notre vie quotidienne avec ceux qui nous sont chers. Et maintenant que la pandémie est derrière nous, nous continuons d'user de la visioconférence. Parfois même quand tout le monde est connecté depuis son bureau, au lieu de se retrouver dans une salle de réunion.

Les progrès technologiques réalisés par le numérique en moins de trois décennies sont les marqueurs d'une accélération dont nous avons du mal à appréhender les limites. Alors que c'est l'énergie qui semblait ne pas connaître de limites, c'est maintenant le numérique qui donne à *Homo energeticus* l'illusion de perspectives infinies et l'énergie qui devient son principal enjeu.

Selon Yuval Noah Harari, « l'histoire a commencé quand les hommes ont inventé les dieux. Elle s'achèvera quand ils deviendront des dieux[2] ». L'historien nous partage sa vision du futur d'*Homo energeticus* lorsque les mythes millénaires inventés par *Homo sapiens* vont se confronter avec la « convergence NBIC ». Cette expression désigne les interactions croissantes entre quatre ensembles majeurs de sciences et technologies – *nanotechnologies*, *biotechnologies*, technologies de l'*information* et sciences *cognitives*[3]. La convergence entre les deux premières a permis la manipulation génétique, la convergence entre les deux dernières a produit l'intelligence artificielle. En Europe, comme en Chine ou en Amérique du Nord, les brevets publiés dans les domaines NBIC représentent plus de 60 % des dépôts actuels. Cela atteste de l'activité scientifique dans ces domaines et aussi (et surtout) des substantiels financements publics et privés associés.

Après les trois révolutions (cognitive, agricole et industrielle), *Homo energeticus* pourrait utiliser la convergence NBIC pour imaginer une quatrième révolution, celle dans laquelle il aurait la tentation de se prendre pour Dieu. Pour cela il a besoin de technoprophètes, l'un des plus actifs étant Elon Musk qui nous promet des voitures autonomes, des robots humanoïdes, des voyages sur Mars et la liberté sans entraves sur les réseaux sociaux.

Dans ce premier quart de XXIe siècle, *Homo energeticus*, repu de technologies et d'énergies, souhaite avant tout atteindre l'immortalité, en clair le statut de Dieu… Sans oublier le bonheur. Mais il lui faut désormais prendre en compte son environnement et le changement climatique, sous peine de voir disparaître purement et simplement l'humanité.

Les apôtres du transhumanisme, sorte de nouvelle religion hi-tech, imaginent que le génie biologique, les nanorobots guérisseurs et encore plus la convergence NBIC vont nous permettre de vivre cent cinquante à cinq cents ans[4]. Nous pourrions devenir amortels, c'est-à-dire uniquement à la merci des accidents et des guerres. Tout cela est annoncé sans aucune idée de l'énergie nécessaire pour obtenir et faire fonctionner cette humanité. Sans imaginer non plus les conséquences sur la démographie et donc l'énergie disponible *per capita*. Si *Homo energeticus* ne meurt pas et qu'il continue à se reproduire, le collapsus de notre environnement arrivera diablement vite. À moins de décider que certains peuvent se reproduire et pas d'autres ? Ou que certains acquièrent le statut d'amortels et pas d'autres ? Le transhumanisme ne ressemble pas à un mouvement humaniste mais plutôt à une action lucrative pilotée par des investisseurs visionnaires et cyniques.

Certains transhumanistes vont encore plus loin et prédisent à tous les humains le destin des dieux, donc l'immortalité. Notre conscience serait délestée de son enveloppe charnelle qui la voue à la mort pour rejoindre un corps synthétique, robuste et interchangeable. Intéressante perspective qui ouvre des champs d'exploration illimités pour l'intelligence humaine mais, là aussi, avec quelle énergie ? Aucun de ces visionnaires n'aborde cette question à ce jour. Et personne ne la leur pose...

Enfin, comment imaginer qu'*Homo energeticus* puisse s'affranchir de sa quête insatiable du plaisir, notamment provoqué par les hormones de la récompense dont son cerveau a le secret ? Les Gafam – Google, Apple, Facebook, Amazon et Microsoft – assurent avoir la « solution » : il suffit de décharger notre cerveau des actions répétitives et ennuyeuses qui seront dévolues à des intelligences artificielles. Ce qui devrait permettre à nos descendants de se concentrer sur des actions uniquement génératrices... de plaisir. Et, au cœur de ces divertissements : le monde numérique. La boucle est bouclée.

La quatrième révolution est, sans conteste, une révolution numérique. En vingt ans à peine, le numérique a transformé durablement nos activités professionnelles, en rendant notamment possible le télétravail, et nos actions quotidiennes dans tous les compartiments de notre vie. Personne n'avait imaginé une telle accélération et une telle modification en profondeur de nos modes de vie. Les géants de l'industrie numérique offrent à *Homo energeticus* une consommation infinie au sein d'un monde devenu essentiellement numérique qui remplacera, pas forcément en mieux, notre société de consommation. Les échanges, les rendez-vous amoureux, le sexe, les voyages, les sports, les spectacles…, tout cela pourra devenir totalement et uniquement numérique.

Que restera-t-il de la réalité ? Pas grand-chose et c'est tant mieux suggèrent les Gafam, qui font du Lacan sans le savoir ; le célèbre psychanalyste n'expliquait-il pas que le réel, c'est quand on se cogne[5] ? En abolissant le réel, le numérique pense nous offrir un monde sans peur et sans douleur. C'est alors qu'il faut se rappeler ce qu'écrivait Philip K. Dick, l'auteur prolifique de science-fiction : « La réalité, c'est ce qui continue d'exister lorsqu'on cesse d'y croire. » Si nous cessons de croire aux conséquences de nos actions virtuelles dans un univers sans limite, alors la réalité se rappellera à notre bon souvenir. Et la réalité des mondes numériques, c'est un besoin gigantesque en énergie et des conséquences majeures pour notre planète. *Homo energeticus* peut consommer des produits numériques en se disant que visiter la grande muraille de Chine ou la grande barrière de corail australienne à travers un écran économise, en abolissant les transports, de grandes quantités de dioxyde de carbone. C'est vrai. Pourtant, cette expérience exclut le partage physique, émotionnel, avec d'autres humains, qu'il s'agisse d'un vendeur ambulant chinois ou d'un Aborigène australien dont la culture est en voie d'extinction.

Face au déploiement des outils numériques, *Homo energeticus* est à la croisée des chemins, soit vers la diminution de l'impact du dioxyde de carbone, soit vers une consommation effrénée voire compulsive d'énergie, avec les émissions de GES associées.

Il est temps de regarder de plus près la consommation énergétique et les impacts environnementaux des habitudes numériques d'*Homo energeticus*. Le numérique mobilise des technologies – ordinateurs, smartphones, objets connectés… – et des infrastructures de télécommunication et de stockage, les fameux data centers. Le numérique est aussi devenu une industrie florissante et même qu'une culture qui a investi tous les domaines de notre vie quotidienne. Ses bienfaits sont évidemment incontestables dans des domaines de la santé avec l'imagerie médicale, ou des simulations numériques qui permettent de prévoir les changements météorologiques ou encore les conditions de circulation routière. Le e-commerce s'est aussi imposé avec ses vices et vertus. Mais tout cela, *Homo energeticus* le choisit-il vraiment ou bien est-ce la conséquence d'un mode de consommation qui lui est imposé, au sens marketing du terme ?

En 2020, The Shift Project, un think-tank dédié à la transition énergétique, a publié un document très intéressant qui caractérise les impacts du numérique et définit les voies de sobriété possibles[6].

Il montre que la consommation d'énergie par le numérique se divise à parts presque égales en deux : 55 % pour les infrastructures (terminaux, réseaux et data centers), 45 % pour les usages que nous faisons du numérique avec l'utilisation de nos ordinateurs, téléviseurs et smartphones.

Homo energeticus ose espérer que les progrès technologiques rapides et spectaculaires qui caractérisent le monde numérique pourraient réduire, dans le futur, son impact environnemental. En effet, grâce à la miniaturisation des microprocesseurs depuis le début de l'ère informatique, c'est-à-dire après la Seconde Guerre mondiale, le nombre d'opérations réalisées avec l'énergie d'un seul kilowattheure a été multiplié par 10^{13}. Il est vertigineux d'imaginer qu'une puce de l'ENIAC de 1945 réalisait 800 opérations en consommant un kilowattheure. En 2010, une simple puce Pentium pouvait faire $2,10^{15}$ opérations par kilowattheure. Cette accélération des performances nous fait croire que nous sommes plus économes en matière de kilowattheure par opération numérique, mais c'est sans compter le déploiement exponentiel des outils numériques. Depuis plusieurs années, cet accroissement de performances des microprocesseurs, accompagné de l'arrivée de l'ordinateur quantique dans les prochaines années, ne compense pas l'augmentation des systèmes numériques dont *Homo energeticus* est friand. Cette croissance énergétique (+ 9 % d'énergie consommée chaque année) va rapidement devenir insoutenable.

En France, entre 1998 et 2018, le taux d'équipement en téléphones portables pour la population âgée de 12 ans et plus est passé de 10 à 90 %. Actuellement, plus de 80 % des foyers français possèdent au moins un ordinateur et plus de 90 % bénéficient d'une connexion Internet[7].

Au niveau mondial, le constat est encore plus saisissant.

Internet est né dans les années 1970 et il est devenu accessible au grand public à la fin des années 1990. Aujourd'hui, c'est un réflexe, un outil indispensable pour plus de 5 milliards d'utilisateurs dans le monde, soit environ les deux tiers de la population mondiale[8]. L'usage d'Internet semble sans limites, cela rappelle étrangement l'électricité, vous ne trouvez pas ? Et nul besoin d'ordinateurs coûteux pour y avoir accès, un simple smartphone, même d'occasion, suffit. Nous n'allons pas en manquer car la vente mondiale annuelle de smartphones neufs est passée de 122 millions d'unités en 2007 à plus de 1,5 milliard dix ans plus tard. Ce chiffre s'est stabilisé depuis[9], du fait de l'arrivée sur le marché des appareils reconditionnés.

Internet et son architecture ont évolué en une décennie pour tisser « la Toile » – ce Web initialement destiné à répondre à toutes nos demandes. Et *Homo energeticus* est avide de connexions. Désormais le voilà en proie à la tentation de conjuguer son addiction à l'énergie à celle pour le numérique, ce qui pourrait donner naissance à un *Homo numericus*, une nouvelle branche de l'évolution humaine[10].

Chaque année, l'humanité passe 12,5 milliards d'heures sur Internet, une grande partie dévolue aux réseaux sociaux. Lors de la dernière décennie, le nombre d'internautes a doublé et le temps moyen journalier d'utilisation de la toile a augmenté d'une heure[11]. Chacun d'entre nous est en moyenne presque sept heures par jour connecté, soit 40 % de notre temps de veille, car il faut bien dormir (un peu et de moins en moins). En 2012, une étude de l'Insee montrait qu'en vingt-cinq ans le temps de sommeil avait diminué de 18 minutes pour les plus de 15 ans, et de 50 minutes pour les adolescents[12]. Cela ne s'est pas arrangé depuis.

C'est un succès total pour « l'économie de l'attention ». Le concept est né en 1971 avec Herbert Simon[13]. Ce chercheur américain en psychologie et informatique a jeté les bases de ce que nous vivons actuellement à travers Internet, et plus particulièrement les réseaux sociaux. Vous avez déjà certainement entendu ou lu la formule sortie de ses travaux : « Sur Internet, lorsque c'est gratuit, alors c'est moi le produit. » En clair, ce qui a de la valeur, c'est votre attention, le temps que vous allez passer sur un contenu donné, contenu commercialisable évidemment. Les neuropsychologues des Gafam ont très vite identifié comment capter et maintenir notre attention. Pour cela, des algorithmes repèrent nos centres d'intérêt pour nous proposer, en permanence, des contenus capables de fixer notre attention, pour glisser au passage, des publicités susceptibles de nous intéresser. Le cerveau d'*Homo energeticus* est une proie facile, dès qu'il s'agit de dopamine et de récompense aléatoire. Vous pouvez le tester sur vos réseaux sociaux favoris. Vous faites défiler plusieurs posts jusqu'à tomber sur celui qui vous intéresse, qui déclenche en vous la réponse hormonale attendue et vous pousse à continuer. Le système a donc capté votre attention avec succès et, tous les quatre ou cinq messages, une publicité est intercalée. Vous êtes en proie à une double addiction, numérique et énergétique.

Et ce n'est que la partie émergée de l'iceberg car autour de nous, de très nombreux objets connectés à Internet consomment en permanence beaucoup d'énergie. Un Internet des objets plus connu sous son nom anglais, *Internet of things* ou IoT.

Ces objets se sont introduits en masse dans nos foyers. Je n'en étais pas conscient avant de me livrer à une cartographie précise. Vous pouvez faire de même. D'abord bien sûr, les ordinateurs, tablettes, imprimantes, téléphones, consoles de jeux et montres connectées sont facilement identifiables. Mais il faut aussi compter les équipements de la maison : thermostats, détecteurs de fumée, caméras de surveillance, alarmes, babyphones, interphones, lampes, lave-linge, frigidaires, balances, téléviseurs, enceintes intelligentes et autres boîtiers multimédias. Quand vous en serez au garage, n'oubliez pas les équipements connectés de la voiture jusqu'à la trottinette de la petite dernière… Pour être exhaustif, il faudrait également comptabiliser les anciens équipements, mais toujours en état de marche, qui attendent au fond d'une armoire ou dans une boîte remisée au grenier…

Une fois la liste établie, il vous suffit de diviser le nombre d'IoT obtenu par celui des personnes composant le foyer. Puis de comparer ce résultat à la valeur 11, le nombre moyen d'objets connectés par Français en 2020, ou bien à la moyenne mondiale d'IoT, qui est de 8 mais qui connaît une croissance rapide[14].

Peut-être, avez-vous été frappé, comme moi, par une vidéo publicitaire de la société META (Facebook, Instagram, WhatsApp…) qui, vantant les mérites du monde virtuel, le fameux métavers[15], conclut en affirmant : « Même si le métavers est virtuel, son impact sera réel. » L'agence de publicité responsable de cette campagne a-t-elle vraiment saisi la portée de sa punchline ? Oui, le métavers va nous faire rencontrer l'amour, pour la vie ou… pour une nuit. Il va également permettre aux futurs pilotes d'avion ou aux chirurgiens d'apprendre leur métier rapidement et sans risque d'accident ou d'erreur médicale. Mais le métavers va aussi mobiliser des ressources énergétiques colossales, et cela de manière rédhibitoire si *Homo energeticus* n'est pas capable d'en réguler l'usage.

Les technologies numériques sont loin d'être virtuelles car elles utilisent largement des supports physiques, alors qu'il est difficile de s'en rendre compte lorsque nous consultons notre compte Instagram ou que nous vérifions notre boîte mail. C'est pourquoi nous le faisons, sans penser à mal, pour la cinquième fois de la journée.

Les technologies numériques s'inscrivent dans un réseau mondial qui interagit en permanence. Smartphones, ordinateurs et tablettes sont autant de terminaux qui se connectent entre eux, par des infrastructures de réseaux complexes – câbles terrestres et sous-marins, antennes de réseaux mobiles, fibres optiques… – afin d'échanger des informations stockées et traitées dans les centres de données, qui constituent le centre névralgique de ce système. Pour offrir une qualité toujours croissante, tous les éléments de ce réseau consomment de l'énergie en fonctionnement, dont des quantités astronomiques d'eau de refroidissement, mais également pour être fabriqués – extraction minière des matières premières et processus industriels – puis livrés à *Homo energeticus*. Autant d'opérations qui nécessitent des ressources minérales conséquentes.

Dans la mesure où chaque action effectuée dans le monde numérique s'appuie sur des infrastructures physiques, cela induit logiquement des consommations d'énergie et de matières premières, elles-mêmes responsables d'émissions carbonées. Promouvoir le numérique pour accélérer la transition énergétique et diminuer les émissions de dioxyde de carbone, comme le martèlent les Gafam, nécessitent en réalité de conduire une étude précise sur les avantages – diminutions des transports, des déplacements… – *versus* les inconvénients – disponibilité de l'énergie et des ressources minières.

En bref, le numérique actuel est-il compatible avec les contraintes inhérentes à un monde fini ? La réponse est non[16] !

En pratique, si Internet était un pays, il serait le troisième plus gros consommateur d'électricité au monde avec 1 500 térawattheures par an[17], juste derrière la Chine et les États-Unis. Le numérique consomme actuellement 10 à 15 % de l'électricité mondiale, ce qui représente plus de trois fois la production du parc électronucléaire français, lorsqu'il est au mieux de sa forme. Une consommation qui tend à doubler tous les quatre ans.

Et, en toute logique, cette consommation produit des gaz à effet de serre en grandes quantités.

En 2019, la part du numérique en matière de rejet de gaz à effet de serre était de 4 %, bien plus que les 2 % attribués classiquement au trafic aérien civil. Plusieurs scénarios d'évolution ont été envisagés pour estimer cette part à l'horizon 2025, en prenant en compte une augmentation annuelle des émissions de l'ordre de 8 %. Comme aucune mesure de réduction n'a été prise à l'échelle mondiale pour limiter l'impact du numérique, il est donc raisonnable de penser que la contribution du numérique aux émissions de GES sera de l'ordre de 8 % en 2025. À titre de comparaison, cela équivaut aux émissions issues du parc mondial d'automobiles et de deux-roues. Un impact difficile à imaginer pour *Homo energeticus*.

Si nous regardons plus en détail, le visionnage de vidéos sur Internet représente 80 % du volume des données échangées et donc de l'impact environnemental associé. Les usages de ces vidéos se répartissent de la manière suivante :

- 34 % : les films ou séries visionnés en streaming ;
- 27 % : les vidéos pornographiques, que personne ne regarde bien sûr et qui représentent pourtant 7 % des émissions de GES du numérique ;
- 21 % : les vidéos sur les plateformes publiques (YouTube par exemple) ;
- 20 % : visioconférence, téléconsultation médicale, vidéosurveillance…
- 18 % : les échanges sur les réseaux sociaux incluant les vidéos de petits chats.

Alors que nous avons l'injonction de limiter nos déplacements en voiture ou en avion pour sauver le climat, ce sont maintenant nos e-mails qui voyagent à notre place. En effet, un e-mail parcourt environ 15 000 kilomètres à travers les câbles sous-marins, notamment transpacifiques et transatlantiques, pour arriver à son destinataire, même si ce dernier est dans le bureau d'à côté. Ces autoroutes numériques maintenant maîtrisées par les Gafam sont stratégiques[18]. 99 % du trafic internet mondial voyage à travers 486 câbles sous-marins d'une longueur totale de 1,3 million de kilomètres, c'est-à-dire trente-trois fois le tour de la Terre. Ces autoroutes ne connaissent pas de limitation de vitesse. Le câble transatlantique privé Dunant, long de 6 600 kilomètres, permet, avec ses 250 térabits par seconde, de transmettre l'intégralité de la bibliothèque numérisée du Congrès américain trois fois par seconde. Il a été dépassé en 2022 par le câble Hopper qui fait transiter les données à 350 térabits par seconde. Ces autoroutes sont jalonnées de data centers, routeurs, serveurs, ordinateurs et autres qui vont consommer beaucoup d'énergie pour faire circuler les données et empêcher la surchauffe.

Homo energeticus envoie et reçoit des mails sans compter. Un e-mail standard générait, en 2020, 4 grammes de dioxyde de carbone[19]. Cette valeur varie entre 0,03 gramme pour un spam déclaré indésirable par votre boîte mail et que vous ne lirez jamais et 26 grammes pour un long mail envoyé à 100 personnes que 99 d'entre elles ne vont pas juger intéressant à lire...

Lorsque *Homo energeticus* envoie un mail avec une photo de vacances de 1 mégaoctet à une dizaine de congénères, il produit 50 grammes de dioxyde de carbone, l'équivalent d'un trajet de 500 mètres en voiture[20]... 306 milliards de mails ont été envoyés chaque jour en 2021, générant ainsi 448 millions de tonnes de CO_2. Soit la moitié des 915 millions de tonnes de CO_2 émis par le transport aérien en 2019, une année de trafic à plein régime.

C'est déjà beaucoup et, pourtant, cela reste très en dessous de la réalité car un *Homo energeticus* français reçoit environ 40 courriels par jour dont la moitié sont des spams.

Il va en stocker entre 10 000 et 50 000 sans les lire dans sa boîte aux lettres virtuelle, qui consomme de l'énergie bien réelle dans les data centers. Ces derniers engloutissent au niveau mondial environ 200 térawattheures par an qui produisent 0,3 % des gaz à effets de serre… pour rien[21].

Ne nous y trompons pas, les infrastructures numériques, câbles et data centers, sont les puits de pétroles de demain. Ils seront les créateurs incontournables de valeur économique et vont fleurir partout où cela sera possible. *Homo energeticus* a inventé les empereurs numériques, les cyberbanquiers et les technoprophètes.

Les premiers ne sont pas limités par une géographie nationale. Ils possèdent les algorithmes et les infrastructures numériques pour gouverner les besoins et les envies de la population mondiale. Les Gafam et équivalents sont des structures transnationales et leur objectif est d'ailleurs de s'affranchir d'une quelconque affiliation à un pays donné pour devenir des entités autonomes, capables d'édicter leurs propres lois. Pour cela, ils auront besoin d'énergie, de beaucoup d'énergie décarbonée. Bill Gates fut un précurseur en créant en 2006 la société TerraPower, capable de développer des réacteurs nucléaires de quatrième génération et surtout de les déployer rapidement dans la décennie 2030.

Les cyberbanquiers, eux, visent la maîtrise de l'économie numérique, conséquence directe de l'économie de l'attention. La dématérialisation de la monnaie avec l'utilisation des cartes de paiement est déjà une réalité. Les monnaies virtuelles, comme le bitcoin, permettent à *Homo energeticus* de spéculer, d'acheter des biens illégaux sur le darkweb mais aussi des biens légaux dans la vraie vie. Ici aussi les monnaies virtuelles semblent s'affranchir des lois de l'ancien monde pour créer un espace financier mondial, sans régulation des marchés et donc… sans limites. La consommation énergétique annuelle des serveurs qui gèrent le bitcoin est passée entre 2015 et 2022 de 6 à 97,1 térawattheures[22]. Cette valeur est bien supérieure à la consommation annuelle d'électricité de la Belgique ou de la Finlande. Même si les nouvelles cryptomonnaies font des progrès énergétiques, le porte-monnaie numérique d'*Homo energeticus* est en train d'exploser la facture d'électricité. Et ses enfants prennent le même chemin puisque la communauté du réseau social TikTok a créé en 2022 une monnaie fictive, les dabloons. Ce moyen d'échange fictif en ligne est devenu viral au point d'attirer la convoitise de spéculateurs et de cyberbanquiers mal intentionnés[23]. Cette utopie monétaire, qui n'a aucune volonté de se réguler, préfigure une hausse significative du trafic sur les réseaux sociaux.

J'en arrive aux technoprophètes. Comme je l'ai expliqué plus haut, ceux-là nous promettent l'amortalité et un univers numérique meilleur, libéré des servitudes d'un monde bassement organique. Tout cela ressemble à la science-fiction mais on le sait, Elon Musk imagine déjà des robots humanoïdes et des voitures connectées dans notre quotidien. Attardons-nous un instant sur ces dernières. Avec Isabelle Ryl et Rodolphe Gelin, deux amis proches, spécialistes de l'intelligence artificielle, j'ai essayé de me faire ma propre idée sur les avantages et inconvénients de cet outil et surtout j'en ai cherché les limites[24].

Nous avons eu des discussions sur les voitures autonomes et sur l'éthique associée. Les questions tournent souvent autour du fameux choix : pour sauver une vie, le véhicule automne va-t-il décider d'écraser le grand-père qui traverse la rue plutôt que l'écolière qui s'aventure hors du passage protégé ? Isabelle m'a donné une réponse technique qui me paraît logique. Si nous voulons que l'IA du véhicule réagisse avec les mêmes capacités qu'un esprit humain sur un temps extrêmement court, eh bien la réponse à la question « qui vais-je écraser ? » doit être tirée au sort[25]. Cela ne nous avance pas beaucoup car nous voulons que le véhicule réagisse comme le ferait en théorie un *Homo energeticus* responsable et fort de 2 000 ans de culture humaniste. Et de ce fait, la réponse de Rodolphe à ce paradoxe « comment réagir mieux qu'un humain ? » est imparable. Le système ne se mettra jamais en situation de faire ce choix et donc sa vitesse ne devrait pas excéder quelques kilomètres par heure…

À titre personnel, je pense que la vraie question est celle de la facture énergétique d'un tel véhicule autonome. Si nous imaginons les dizaines de capteurs, radars et lidars dont sera bardée la voiture autonome, auxquels s'ajoutent les milliers de communications par seconde entre le véhicule et les serveurs numériques qui mettront à jour les conditions de circulation, rendues difficiles avec la cohabitation entre véhicules autonomes et conventionnels, alors nous constatons l'aggravation annoncée de notre addiction énergétique. Un véhicule autonome va consommer 30 à 40 % d'énergie de plus. Le remplacement de nos véhicules par les mêmes, rendus autonomes, n'est donc pas une idée énergétiquement viable. À moins de diminuer drastiquement le nombre de véhicules en circulation et de mettre en place des voies réservées sur les autoroutes. Ici encore, la sobriété voulue ou imposée sera nécessaire.

Les fausses bonnes idées numériques mettent en évidence que la quatrième révolution voulue par *Homo energeticus* implique des addictions nouvelles à l'énergie, à l'eau, auxquelles s'ajoutent celles à de nouvelles matières premières… non renouvelables. Les infrastructures numériques, des câbles sous-marins à l'ordinateur que je suis en train d'utiliser, ont un élément en commun avec les systèmes énergétiques renouvelables (éolien et photovoltaïque) et les batteries. Tous sont friands de matières premières minérales, dont certaines sont rares ou distribuées de manière inhomogène à la surface de la planète.

Dans son livre *L'enfer numérique*, Guillaume Pitron interroge le fait qu'il faut accélérer la transition énergétique et qu'il faut peut-être freiner la transition numérique[26]. En tout cas, le risque de passer d'une dépendance aux hydrocarbures à une dépendance aux métaux stratégiques est patent.

Avec mes collègues du CEA Maxence Cordiez et Luc Aixala, nous avons essayé de quantifier cette nouvelle dépendance[27]. Un recours accru à une électricité bas carbone dans un monde numérique nécessitera de nombreuses matières premières pour la produire, la transporter et la stocker. L'essentiel des matières premières utilisées dans l'Union européenne n'est ni extrait ni raffiné au sein de nos frontières. Environ trente matières premières sont considérées comme « critiques » pour l'espace économique européen car leur approvisionnement est potentiellement soumis à des variations géopolitiques. Or, tous les scénarios présentés dans le chapitre précédent nécessitent beaucoup de matières premières. Les batteries mobilisent des quantités colossales de lithium, cobalt, nickel et graphite. Dans le monde, les besoins en lithium pourraient être multipliés par 40 entre 2020 et 2040[28]. C'est un facteur multiplicatif de vingt qui est attendu pour les trois autres éléments chimiques. Logiquement, le prix de la tonne de carbonate de lithium a été multiplié par cinq entre 2018 et 2022. L'industrie l'automobile et le secteur éolien consomment des terres rares et autres minéraux sous tension, en particulier le cuivre*. Pour sa fabrication, une voiture électrique standard va nécessiter six fois plus de ressources minérales qu'une voiture conventionnelle et une centrale éolienne terrestre nécessite neuf fois plus de ressources minérales qu'une centrale au gaz. La pénurie des semi-conducteurs entre 2021 et 2022 a induit une ardoise de près de 100 milliards d'euros pour le secteur automobile, le premier secteur touché par la crise. Cela se traduit par un déficit de production de près de 18 millions de véhicules dans le monde, dont 400 000 pour notre constructeur tricolore Renault. Mais assez curieusement, ces chiffres sont peu médiatisés.

Cette nouvelle addiction d'*Homo energeticus* le met en danger. En particulier parce que l'extraction et le raffinage de ces matériaux sont concentrés au sein d'un petit

---

* Les terres rares sont un groupe de métaux aux propriétés voisines comprenant le scandium, l'yttrium et les quinze lanthanides.

nombre d'États, dont la Chine, le Kazakhstan et certains pays africains. La Chine en a fait une stratégie nationale, elle a acquis des mines partout où cela était possible dans le monde et a développé sur son territoire le raffinage des métaux qui y sont extraits. Ce faisant, elle a pris un avantage politique et stratégique majeur. L'envol de la demande associée à une réduction de la concentration des gisements amplifie l'augmentation des prix de l'énergie. Sans compter les impacts environnementaux, question qui génère sur nos territoires des oppositions fortes. À tous ces paramètres s'ajoutent des risques géopolitiques qui vont entraîner mécaniquement une insuffisance, ponctuelle ou durable, de l'offre en regard de la demande.

Homo energeticus va devoir trouver d'autres solutions.

Pour cela, les technoprophètes ont une idée qui a fait son chemin, celle que notre ancêtre *Homo sapiens* s'est appliqué à utiliser pendant des dizaines de milliers d'années. Il s'agit d'asservir voire d'épuiser un territoire donné, et une fois celui-ci rendu exsangue, passer à un autre écosystème à coloniser.

Alors le prochain eldorado sur Terre pourrait bien se trouver... au fond des océans[29]. Dans les fosses abyssales, entre moins 4 000 et 6 000 mètres, des nodules polymétalliques d'une dizaine de centimètres de diamètre, reposent patiemment dans la vase en attendant des mineurs d'un nouveau genre.

Selon l'Autorité internationale des fonds marins (AIFM), organisme intergouvernemental abrité par les Nations unies, la seule zone abyssale de Clarion-Clipperton dans l'océan Pacifique compterait jusqu'à 34 milliards de tonnes de nodules. Ces derniers contiendraient jusqu'à 340 millions de tonnes de nickel et 275 millions de tonnes de cuivre. En comparaison, les ressources mondiales terrestres de nickel sont évaluées à 300 millions de tonnes et celles de cuivre, à 800 millions de tonnes. De quoi donc attirer des convoitises soutenues par les technoprophètes, promoteurs de procédés nouveaux d'extraction en eau profonde, utilisant robots autonomes et drones spécialisés. Même si les chiffres des ressources sont jugés par la communauté scientifique « très approximatifs » et les procédés associés « farfelus et irréalistes », l'US Geological Survey a estimé en 2022 que « si l'exploitation minière des grands fonds océaniques suivait le parcours qu'a connu la production de pétrole offshore, on peut prédire que la mer fournirait de 35 % à 45 % des besoins mondiaux en métaux rares d'ici à 2065[30] ».

Certes, tout cela est bien séduisant mais c'est oublier les leçons du « monde du silence » cher à Jacques-Yves Cousteau, qui nous invite à réfléchir aux centaines d'espèces animales qui vivent dans ces zones abyssales, dont certaines encore inconnues[31]. Les rejets de ces bateaux miniers pourraient altérer les couches peu profondes des océans. Pour ne pas dégrader définitivement la biodiversité des eaux profondes, la France et d'autres pays ont pour l'instant refusé de procéder à ce type d'extractions. D'autres *Homo energeticus* ne se posent pas autant de questions. Glencore, l'une des plus grandes sociétés mondiales de vente de ressources naturelles diversifiées, s'est d'ores et déjà engagée à acheter 50 % de la production de nickel et de cuivre que la société canadienne The Metals Company

(TMC) va remonter des eaux de la république de Nauru, dans l'océan Pacifique.

La direction prise semble inéluctable et *Homo energeticus* va une fois encore acheter du temps, pour reculer l'échéance d'un monde fini. Déjà les technoprophètes intègrent les prochains écosystèmes à coloniser, la Lune puis Mars. Ils ont commencé à organiser pour les milliardaires de la planète des virées dans l'espace, sans se préoccuper de l'énergie mobilisée ni des tonnes de dioxyde de carbone produites par ce genre de week-ends entre amis fortunés. Et cela ne fait que commencer.

Le programme Artémis de la Nasa qui va permettre d'aller beaucoup plus loin, en bâtissant sur la Lune une base permanente pour l'exploration de notre satellite, est scientifiquement enthousiasmant, mais *Homo energeticus* a une idée derrière la tête car la Lune dispose de ressources abondantes impliquées dans la transition énergétique telles que le titane ou l'hélium 3, le futur carburant des centrales à fusion du XXIIe siècle. Les marchands suivent toujours les explorateurs, en particulier parce qu'ils les financent. Le traité international de l'espace de 1967 interdit de s'approprier des objets célestes. Sauf qu'en 2015, les États-Unis ont décidé de contourner ce traité pour intégrer dans leur propre *Space Act* la possibilité « d'entreprendre l'exploration et l'exploitation commerciales des ressources spatiales ». Le programme Artémis ouvre, malgré lui, la voie à une exploitation commerciale des ressources spatiales. Avec quelles conséquences sur notre consommation d'énergie ? Et avec quels impacts environnementaux dans l'espace ?

L'Histoire nous apprend que nous n'apprenons rien de l'histoire. Pour contredire cette affirmation du philosophe Hegel, *Homo energeticus* va devoir changer de mode de pensée pour que ses choix lui permettent d'envisager un avenir durable. La bonne nouvelle est qu'il existe forcément des solutions.

5

COMMENT PASSER À L'ACTION ?

Le mot-clé est l'urgence...

L'urgence d'agir pour que *Homo energeticus* retrouve son poids de forme énergétique et que son empreinte sur notre écosystème terrestre soit mesurée et durable.

Mais le sens de l'histoire ne joue pas en notre faveur. Les chapitres précédents nous indiquent clairement que c'est la consommation sans limite d'énergie qui a conduit *Homo sapiens* à évoluer vers *Homo energeticus*. Cette mutation s'accompagne d'une augmentation exponentielle de l'énergie produite et consommée. Depuis deux cents ans, l'accélération de cette boulimie est visible à travers les conséquences tangibles du changement climatique. Aussi, alors que nous devons parler de transition énergétique, voire d'une transition énergie-climat, le constat de 10 000 ans d'histoire récente de l'humanité met plutôt en évidence une fâcheuse tendance à l'accumulation énergétique. Il devient urgent qu'*Homo energeticus* inverse la tendance car le monde d'avant n'existe plus. En tout cas, j'ai la certitude que nous n'y reviendrons pas. Ce n'était pas forcément le monde de l'abondance comme certains ont pu le suggérer, car je n'ai pas le souvenir d'un monde où les richesses étaient justement réparties, c'était plutôt le monde de l'insouciance. *Homo energeticus* doit marquer le pas et même réfréner sa consommation énergétique. Ce n'est pas intuitif après des milliers d'années d'évolution et cela entraîne des modifications majeures. C'est compliqué, mais ce n'est pas impossible, car dans ma carrière j'ai vu deux fois des pays majeurs reculer quant à leur accès à l'énergie.

La première fois c'était entre 1995 et 1998. J'étais alors jeune chercheur et en relation proche avec mes homologues de l'Institut nucléaire Khlopin de Saint-Pétersbourg. La jeune fédération de Russie avait élu Boris Eltsine en 1991 et l'effondrement du bloc soviétique avait eu des conséquences importantes dans plusieurs domaines. Dans celui de l'énergie nucléaire, l'Europe et les États-Unis étaient inquiets sur le devenir des matières nucléaires et sur le maintien en Russie des compétences humaines dans ce domaine. Aussi, ils avaient mis en place des programmes de recherche nucléaire et des financements pour maintenir compétences et ressources dans le pays. Ces programmes étaient suivis par des chercheurs étrangers dont je faisais partie. En 1995, la désorganisation était totale dans le domaine de l'énergie, les oligarques n'ayant pas encore fait main basse sur les structures de production et de distribution. L'hiver russe au bord de la Neva était rude et alors que nous étions logés dans l'ancienne maison d'hôtes des cadres nucléaires du Parti communiste, j'ai rapidement découvert qu'il n'y avait ni chauffage ni eau chaude. Avec mes collègues étrangers, nous avons donc dépouillé les chambres vides des couvertures et édredons pour nous emmitoufler dans nos lits respectifs et tenter de survivre au froid. La population de Saint-Pétersbourg n'était pas beaucoup mieux lotie et certains de mes collègues russes se plaignaient de la dégradation réelle de leurs conditions de vie. Toutefois, la majorité d'entre eux ne regrettaient rien. Ils m'expliquaient qu'ils avaient voté en 1991 et 1996 pour le très controversé Boris Eltsine parce qu'avec lui, au moins, ils étaient sûrs de ne pas revenir en arrière vers un régime soviétique. Alors si le prix à payer était d'avoir froid l'hiver et de rationner l'essence pour les véhicules, ce n'était pas forcément cher payé. Cela en dit long sur l'âme russe et, globalement, tous mes collègues ont été résilients énergétiquement. L'industrie nucléaire russe ne s'est d'ailleurs pas délocalisée en Corée du Nord, au Pakistan ou en Lybie... Cette perte d'accès à l'énergie était subie mais elle ouvrait des perspectives, donc c'était supportable.

L'autre exemple de recul à l'énergie est plus récent. Je l'ai connu au Japon entre 2010 et 2012, alors que j'étais professeur invité à l'université de Kumamoto, dans l'ouest de l'île de Kyushu. J'avais aussi une collaboration scientifique avec l'université de Tohoku, à Sendai, une des grandes villes du Nord-Est, touchée par le tsunami de 2011, et située à quelques encablures de Fukushima.

Tout le monde a en tête les images de ces vagues gigantesques qui dévastent le littoral japonais et qui emportent tout sur leur passage. La tragédie a fait 18 500 morts ou disparus, plusieurs centaines de milliers de personnes ont été évacuées, en particulier après l'accident nucléaire de Fukushima. Ce dernier a eu de multiples conséquences et en particulier la fermeture pour vérification des centrales nucléaires japonaises. Cet arrêt brutal, sous la pression de l'opinion publique japonaise et étrangère, a eu des effets directs. Pendant l'hiver 2011-2012, je faisais cours à l'université de Kumamoto. Le doyen de l'université avait reçu des consignes strictes d'économie, nous devions diviser par deux la facture énergétique de l'université, et ce n'était pas une simple recommandation. Un néon sur trois était allumé dans les couloirs obscurs et les salles de la faculté des sciences, et je dispensais mes cours dans une salle à 15 °C, devant des étudiants emmitouflés et stoïques. Je n'en ai jamais entendu un seul se plaindre alors que seuls les bureaux des professeurs avaient droit à un chauffage électrique malingre.

L'été 2012, j'étais à Kyoto, il faisait chaud et notre hôtel utilisait avec parcimonie la climatisation. Intrigué par les informations télévisées qui tournaient en boucle, j'ai demandé à ma femme – qui a vécu trois ans au Japon – de me traduire sommairement. Le gouvernement avait demandé à la population de ne pas utiliser les climatiseurs pour contribuer à l'effort collectif de sobriété et, du fait de la canicule, des personnes âgées mourraient en nombre. Le gouvernement japonais expliquait donc maintenant que les personnes âgées et les parents de jeunes enfants avaient le droit d'utiliser la climatisation… Cela illustre le sens du collectif japonais et l'esprit d'engagement associé.

Ces reculs à l'énergie, pour des raisons politiques ou de résilience collective, m'ont appris qu'un tel changement est possible mais que cela ne se fait pas sans effort. Culturellement nous ne sommes pas tous prêts à l'aborder de la même manière. Quand je me rappelle la razzia sur le papier toilette dans les supermarchés français lors du confinement de 2020, je reste dubitatif sur notre capacité nationale à réagir à une baisse rapide d'accès à l'énergie. Elle doit donc être progressive et adaptée. Le facteur clé sera notre capacité d'adaptation au monde qui vient, forcément différent de celui que nous avons connu.

Comment nous adapter au monde de demain ?

Les enjeux sont colossaux. À un tel point que certains préfèrent le déni en se persuadant que toute cette publicité autour du changement climatique liée à une possible addiction d'*Homo energeticus* est une manipulation sombrement ourdie par d'obscurs comploteurs. D'autres se sentent impuissants et en proie à un profond sentiment de déréliction, attendant résignés une fin prochaine en misant sur leur capacité à survivre. Et puis il y a le plus grand nombre, conscient des enjeux et qui se dit que tout ce qu'il pourrait faire sera sans effet, car le monde est vaste. Pourtant, je pense que c'est par cela qu'il faut commencer.

Albert Einstein disait avec justesse que les problèmes du monde ne peuvent pas être résolus avec l'état d'esprit de ceux qui les ont causés. Certaines personnes sont capables d'incarner ce changement et d'éclairer le monde. Wangari Maathai en fait partie.

Cette grande dame, infatigable combattante de l'environnement et amoureuse des arbres, fut la première femme africaine à se voir décerner un prix Nobel. Elle a profité de sa notoriété pour populariser une légende amérindienne qui met en lumière un simple colibri qui combat l'incendie de la forêt en apportant des gouttes d'eau avec son bec sur le brasier[1]. Les autres animaux le regardent sans rien faire, et l'éléphant et le lion lui disent même que cela ne sert à rien alors pourquoi s'entêter ? Le colibri imperturbable leur répond qu'il fait du mieux qu'il peut et que lui au moins, il fait sa part. La parabole du colibri a été reprise par des gourous environnementaux plus ou moins bien intentionnés[2], mais sa force reste intacte. Le lion et l'éléphant pourraient représenter les États-Unis et la Chine, les premiers pays émetteurs de dioxyde de carbone, qui demeurent inactifs alors que la planète brûle. Wangari Maathai a voulu montrer que même les pays les plus pauvres d'Afrique ou d'ailleurs, représentés par le colibri, étaient souvent les premiers à agir, peut-être plus conscients que d'autres de leur fragilité dans le monde.

Non seulement *Homo energeticus* est souvent un colibri qui s'ignore, mais il doit en plus persuader le lion et l'éléphant, sans oublier les hippopotames et rhinocéros, à agir sans tarder. Dès lors, comment peut-il inverser le cours de l'histoire énergétique ?

Nous vivons dans un monde où la Chine possède les matières premières pour fabriquer en grand nombre et avec beaucoup d'énergie fortement carbonée des panneaux solaires à des prix très compétitifs. Ces derniers sont transportés par des porte-conteneurs qui fonctionnent avec des hydrocarbures lourds. Une fois arrivés en France, ces panneaux solaires vont, à grand renfort de subventions, être installés sur les toits de nos maisons pour remplacer une énergie électrique… déjà fortement décarbonée, car d'origine principalement nucléaire. Ce n'est pas logique et dans un monde qui vise la neutralité carbone en 2050, les panneaux devraient être fabriqués en France et utilisés en Chine pour éviter l'usage du charbon… Cela semble irréaliste. L'autre possibilité serait de fabriquer en France, voire en Europe, les panneaux solaires dont nous avons strictement besoin. Cela demande un investissement financier et politique certain, pour des panneaux solaires qui risquent probablement de coûter plus cher que leurs homologues chinois. Mais cela devrait se compenser par le fait qu'aux frontières de l'Europe, les panneaux solaires du bout du monde arriveraient avec le vrai coût, celui qui prend en compte l'empreinte carbone en particulier. C'est la mise en place d'une taxe carbone opérationnelle qui est maintenant nécessaire pour commencer à sevrer *Homo energeticus* de son mauvais penchant pour l'énergie sans limite.

Selon l'Insee, « la taxe carbone est une taxe ajoutée au prix de vente de produits ou de services en fonction de la quantité de gaz à effet de serre, comme le gaz carbonique (CO_2, dioxyde de carbone), émis lors de leur utilisation[3] ». Cette taxe lancée en France en 2014 est officiellement appelée « contribution climat énergie » (CCE). Elle touche en particulier l'utilisation des carburants fossiles (essence, gazole, gaz, charbon) et par voie de conséquence l'ensemble des activités qui utilisent ces carburants. Pour calculer cette taxe, il faut estimer au préalable le prix à la tonne de gaz carbonique qui sera émise. De nombreux pays, mais pas tous, et un millier d'entreprises se sont réunis en coalition en 2014 afin de fixer respectivement le coût de la tonne de CO_2 dans une trajectoire croissante[4]. En France, entre 2015 et 2020, ce coût est passé de 14,5 euros à 56 euros et il sera de l'ordre de 100 euros en 2030. Dans le monde, la valeur cible à atteindre en 2050 est de 200 euros la tonne de CO_2 avec une fourchette large comprise entre 150 et 350 euros. En effet, les *Homo energeticus* des pays pauvres ont forcément plus de mal à financer une taxe carbone nationale. C'est pour cela qu'actuellement elle est variable et indexée sur un coût de la tonne de CO_2, de quelques euros au Mexique alors qu'elle est déjà à 100 euros en Suède.

Cette taxe carbone est fondée sur un principe simple et légitime, celui du pollueur-payeur. Celui qui pollue paye et la taxe doit orienter les choix énergétiques des industriels ainsi que les modes de vie d'*Homo energeticus*, notamment dans son usage des véhicules à moteur thermique. Toutefois, en France, nous nous sommes heurtés à un principe de réalité, celui que Jean de La Fontaine aurait peut-être appelé « *Homo energeticus* des villes et celui des champs ». En 2018, l'augmentation de la taxe carbone s'est traduite par une augmentation du prix du litre d'essence à la pompe et avec elle la génération du mouvement spontané des « Gilets jaunes ». Alors que cette taxe est censée nous aider à sauver le climat, j'ai entendu avec stupeur dans des salons parisiens des *Homo energeticus* des villes pérorer à la cantonade: «Je ne comprends pas les Gilets jaunes, ils manifestent alors que la planète est en danger, ce sont de parfaits abrutis.» Ce mouvement est pour moi une réponse des *Homo energeticus* des champs qui ont vu dans l'augmentation de la taxe carbone une négation, voire un mépris, de leurs conditions de vie. Quand il est indispensable d'utiliser sa voiture dans la Creuse ou l'Aveyron pour faire 50 à 100 kilomètres par jour pour aller travailler et gagner le salaire minimal, alors effectivement l'*Homo energeticus* des champs est un pollueur, mais il ne le fait pas par plaisir ou par désintérêt de la planète. Il considère à juste titre qu'il n'a pas le choix et qu'investir dans un véhicule électrique à 30000 euros n'est pas à sa portée. Une fois encore, le domaine des énergies et celui de la fracture sociale se télescopent. Il va donc falloir investir dans des transports en zones urbaine, périurbaine et rurale profondément décarbonés. La taxe carbone sur les carburants devrait se compenser par une prime au covoiturage ou bien une prime pour celles et ceux qui ne peuvent pas télétravailler. En effet, les médecins, infirmiers et plombiers qui interviennent dans toute la France utilisent un véhicule pour le bien collectif. Ils ne devraient pas subir la taxe carbone de la même manière que ceux qui utilisent leur SUV pour aller faire leurs courses au bout de la rue.

Inexorablement, les véhicules électriques devront être à la portée de toutes les bourses européennes car, en 2035, il n'y aura peut-être plus de véhicules thermiques neufs à la vente dans les pays membres. Cela prédit un marché de l'occasion des véhicules électriques à anticiper à cet horizon pour que les *Homo energeticus* des champs les moins fortunés puissent continuer à se déplacer. La création des zones de faibles émissions (ZFE) dans les centres-villes des grandes agglomérations françaises m'interroge sur l'aspect social. Seuls les véhicules les plus récents, donc les plus onéreux, ont le droit de circuler, excluant de fait les véhicules des Français les plus modestes. De manière insidieuse, cette situation me rappelle l'octroi, l'impôt mis en place au Moyen Âge pour taxer les produits entrant dans les villes fortifiées. Alors, vous pourriez me rétorquer qu'en théorie il suffit de prendre les transports en commun. Je pourrais vous répondre qu'en pratique il est nécessaire et urgent d'investir massivement dans ces infrastructures pour qu'un jour tous les *Homo energeticus* des villes et des champs puissent se rencontrer sereinement.

Mais revenons à la définition de la taxe carbone fondée sur la quantité de CO_2 émise lors de l'utilisation d'un service ou d'un produit par un *Homo energeticus* national. Ce qui manque cruellement dans cette définition, c'est la prise en compte de la quantité de gaz à effet de serre émise lors de la fabrication des produits considérés. Les systèmes énergétiques et numériques mobilisent des matières premières, parfois critiques, comme nous l'avons vu précédemment, mais aussi des quantités d'énergie et d'eau importantes. Reprenons l'exemple des panneaux solaires chinois évoqués précédemment. Une analyse de leur cycle de vie permet d'estimer la quantité de CO_2 émise lors de leur fabrication et de leur transport. Leur prix de vente en France devrait inclure une taxe carbone liée à leur fabrication, calculée à partir du coût de la tonne de CO_2 estimée dans notre pays. Le prix des panneaux solaires chinois augmentant, cela équilibrerait les échanges et justifierait financièrement le déploiement de *gigafactories* sur le sol européen. Ce concept peut se décliner pour les batteries, les électrolyseurs qui servent à produire l'hydrogène... Vous allez forcément me rétorquer, à juste titre, que cela va à l'encontre des règles internationales du commerce et vous avez sûrement raison car je ne suis pas un économiste. Toutefois, en tant qu'*Homo energeticus* européen, acheter des biens produits dans des pays fortement émetteurs de CO_2, comme les États-Unis ou la Chine, m'interroge au moment où le problème du changement climatique oblitère toutes les frontières. Et puis est-ce que les règles sont les mêmes pour tous ? L'Europe est en émoi depuis l'été 2022, depuis que l'administration Biden a annoncé le lancement de l'« IRA », l'*Inflation Reduction Act*, avec 370 milliards de dollars, destiné à dynamiser l'industrie américaine et doter ce pays d'une énergie verte[5]. Ces subventions financières mirobolantes menacent l'industrie européenne. Cette dernière a pris de plein fouet les conséquences de la crise énergétique de 2022. BASF, le géant allemand de la chimie, a indiqué fin 2022 que le coût de l'énergie en Europe pourrait conduire à une délocalisation de leurs outils de production[6]. La Chine et les États-Unis sont des destinations pertinentes pour le chimiste allemand. D'autre part, les *gigafactories* nécessaires au déploiement des systèmes énergétiques renouvelables (panneaux solaires, éoliennes, batteries...) pourraient se retrouver à juste titre sur le sol américain du fait des mesures financières incitatives de l'IRA. Cela menace la recherche et l'industrie des énergies décarbonées du Vieux Continent, qui doit réagir sous peine d'un décrochage historique. Pour réagir efficacement, l'Europe doit avoir une vision unifiée et cela ne s'impose pas à nous. La réponse européenne à l'IRA est appelée NZIA, pour *Net Zero Industry Act*. En 2023, le NZIA ne prévoyait aucun budget associé pour contrer les 370 milliards de dollars américains, seulement des crédits d'impôt. Cela montre la hauteur de l'ambition… Ensuite, le NZIA mise de manière importante sur la capture et le stockage du CO_2 en Europe, sans prendre en compte la faible maturité et les incertitudes, notamment économiques, pesant sur le déploiement des procédés associés. Enfin, NZIA ne considère pas le nucléaire de puissance comme faisant partie de la solution. Bref, cela ressemble plus à un débat politique qu'à une initiative européenne répondant à une urgence.

Alors, même si nous ne sommes pas tous des *Homo energeticus* économistes, nous sommes tous des consommateurs qui doivent apprendre à déconsommer l'énergie du monde. Nous savons le faire dans d'autres domaines. Avec mon collègue Bertrand Charmaison, nous rêvons de décliner le concept du Nutri-Score dans les domaines de l'énergie. L'écrivain et biologiste Jean Rostand indiquait que l'obligation de subir nous donne le droit de savoir. L'obligation impérieuse de nous nourrir nous donne le droit de savoir ce que nous mettons dans nos assiettes. Nous pouvons évaluer la valeur nutritionnelle d'un produit alimentaire grâce au Nutri-Score et son système d'étiquetage à cinq niveaux, de A à E et du vert au rouge. Cela ne fait pas de nous des nutritionnistes aguerris mais cela permet d'orienter facilement nos choix de consommation et de comparer.

Imaginons maintenant sur le même principe un CO_2-score. Une échelle à cinq niveaux qui, du vert au rouge, indique la valeur de la quantité de CO_2 émise lors de la fabrication et le transport de tout objet de consommation. Les haricots verts du Kenya ou le raisin du Chili que mon primeur propose en plein hiver pourraient avoir une autre allure. Les appareils électroménagers disposent déjà d'une étiquette « énergie » avec une échelle à sept niveaux de A à G. Cela nous permet de choisir un appareil économe et une étiquette CO_2-score pourrait nous aider à comparer deux objets pour choisir celui qui a déjà l'empreinte carbone la plus faible.

Et pour les *Homo energeticus* connectés, ce rêve est en train de devenir une réalité. En effet, dans son concept, le Nutri-Score n'est pas éloigné de l'application Yuka que vous avez peut-être comme moi dans votre téléphone. Elle permet de scanner directement le code-barres des produits alimentaires et d'obtenir une note sur 100. Plus cette note est élevée, plus le produit est bon pour votre santé. En 2020, le président Emmanuel Macron a posté en ligne sur les réseaux sociaux le message suivant : « Un "score carbone" pour évaluer l'impact environnemental des produits ? J'y suis favorable. Nous pouvons créer ensemble le @YukaApp du carbone[7] ! »

Ce message a été repris par beaucoup de professionnels de l'énergie. L'application Yuka a eu, entre autres vertus, celle d'obliger le secteur agroalimentaire à communiquer des données beaucoup plus précises sur ses produits. De la même manière, pour la production de l'électricité, des données sont maintenant disponibles via les applications de notre transporteur national d'électricité, RTE. Les *Homo energeticus* connectés ont dans leurs portables les applications éco$_2$mix ou écoWatt. Elles permettent de mieux connaître notre consommation personnelle et donnent la « météo » de l'électricité, c'est-à-dire une prévision à trois jours de la consommation électrique. Cela permet donc d'anticiper des pics de consommation électrique et de moduler la consommation des particuliers et des industriels. L'application Electricity Maps a pour vocation d'indiquer la cartographie de l'impact de la production électrique dans diverses zones du monde, en particulier en Europe. En cliquant sur un pays donné, il est possible de connaître en temps réel la répartition de sa production électrique et la valeur de son intensité carbone en grammes équivalent CO_2 par kilowattheure. Un simple code couleur pour une intensité carbone croissante, entre vert et noir, permet d'évaluer instantanément la cartographie de l'empreinte environnementale des pays européens. À ce petit jeu des couleurs, certains de nos pays voisins, prompts à faire la morale environnementale, devraient tourner sept fois leur langue dans leur bouche avant de nous asséner des vérités énergétiques. Je ne doute pas qu'un *Homo energeticus* éclairé invente bientôt une application CO_2-score qui, comme Yuka, permettra de scanner un objet de grande consommation et de connaître la quantité de CO_2 émise pour sa fabrication et son transport, sans oublier d'évaluer son efficacité énergétique.

Et puis, soyons utopistes ! Je rêve aussi d'une étiquette H_2O-score, qui permettrait d'évaluer rapidement la quantité d'eau utilisée pour la fabrication d'un produit. Cela peut être l'eau mobilisée pour extraire les métaux rares de votre prochain ordinateur, ou bien l'eau nécessaire à l'élevage et au pâturage du bœuf qui va, contre son gré, s'inviter à votre prochain barbecue. Un kilogramme de côte de bœuf « coûte » à notre environnement 15 mètres cubes d'eau douce[8]. Un kilogramme de brochette de poulet « coûte » moins de 4 mètres cubes d'eau. Changer nos habitudes alimentaires, ce n'est pas uniquement bon pour la santé et l'énergie, ça l'est aussi pour la planète qui se dessèche à vue d'œil. Si vous voulez vraiment vous culpabiliser, sachez qu'un funeste record est détenu par le chocolat, dont le kilogramme que nous consommons entre Noël et le jour de l'an mobilise plus de 17 mètres cubes d'eau. La modération s'impose donc à *Homo energeticus* et pas seulement pour sauvegarder son foie.

Alors, n'allez pas conclure hâtivement que mon rêve dans la vie est de barder nos produits de consommation d'étiquettes et d'échelles de graduation colorée. Je ne crois pas à la contrainte mais je crois à l'éducation et au libre arbitre. La déconsommation, ce n'est pas la décroissance, c'est consommer différemment, en sachant ce que nous consommons. Imaginons un magasin dont les rayons ne comporteraient que deux ou trois marques différentes maximum d'un même produit, toutes sélectionnées en fonction de leur Nutri-Score, CO_2-score, H_2O-score et étiquette « énergie ». Cela permettrait à chacun des *Homo energeticus* colibri de faire sa part de consommateur. Et puis, en y réfléchissant bien, ce magasin ressemble étrangement au marché de la place Saint-Roch à Mont-de-Marsan, que je citais précédemment en évoquant les habitudes de ma grand-mère. *Homo energeticus* devrait peut-être prendre conscience que, pour consommer au plus juste, il doit envisager que l'histoire est peut-être aussi un éternel recommencement.

Revenons sur la phrase d'Einstein et sur le fait que les problèmes du monde ne seraient pas résolus avec le mode de pensée de ceux qui les ont causés. Alors quoi de plus neuf que l'esprit d'un enfant de 8 ans, qui n'a pas subi le même formatage culturel que celui dont souffrent ses parents ? En 2000, mon fils aîné et moi avons visité des favelas dans les faubourgs de Mexico. Alors que j'étais professeur invité à l'université de Mexico, un collègue et ami professeur avait tenu à nous montrer les aspects de la ville de Mexico qu'on ne trouve pas dans les brochures touristiques. En voiture, nous avons sillonné des quartiers défavorisés en écoutant les explications graves de Miguel sur l'état sanitaire, l'électricité intermittente et l'eau douce devenue une denrée rare. En rentrant à notre hôtel, Hugo était visiblement troublé, il réfléchissait à ce qu'il venait de voir et il comparait cela à sa propre vie. Il me questionna simplement : « Papa, en fait nous en France, on fait pipi dans de l'eau potable ? » Devant ses yeux pétris d'incompréhension, j'ai été obligé de le lui confirmer. Plus récemment et au même âge, son petit frère et moi devisions sur le chemin de l'école en essayant d'éviter les voitures de la circulation parisienne. Sans aucune raison, Ruben me regarda et me dit d'un ton solennel : « Tu vois Papa, la différence qu'il y a entre toi et moi, c'est que moi, quand je serai grand, je n'aurai pas de voiture personnelle. »

Mes fils ont eu des réflexions sur notre mode de vie que je n'avais pas à leur âge et cela me rend optimiste. Ruben m'a invité à faire une présentation devant ses camarades de CM1 pour parler de l'énergie au XXIe siècle. Son enseignante les avait déjà sensibilisés à la « Fresque du climat »[9]. Nous avons parlé à bâtons rompus des énergies renouvelables et du fait de devoir produire de l'électricité bas carbone, en particulier avec de l'énergie nucléaire pilotable. Je les ai trouvés très sérieux, très engagés et même avec le sentiment de tristesse que, pour leur âge, ils avaient l'air d'avoir perdu l'insouciance de l'enfance. Heureusement, j'ai eu finalement deux remarques rassurantes. La première portait sur le fait que, si ce n'était pas déjà le cas, je devrais m'intéresser sérieusement à travailler sur l'énergie nécessaire au fonctionnement de la machine à voyager dans le temps. Cela devrait être utile pour revenir en arrière et empêcher les dégâts causés à la planète. Logique. La seconde était une interrogation agacée sur le fait que des voitures volantes se déplacent sans problème à Tokyo, alors pourquoi n'avions-nous pas la même chose à Paris ? Ils ont bien le temps de se confronter aux principes de la thermodynamique et de découvrir que ce qui est raconté dans les mangas ne reflète pas toujours la réalité. Nous avons fini notre discussion en commentant une planche sur les économies d'énergie au quotidien. Les petits *Homo energeticus* savent déjà que voyager en train est meilleur pour la planète que l'avion. Que le vélo et le bus, c'est bien mieux que la voiture. Que quand on met un couvercle sur la casserole, l'eau des pâtes chauffe beaucoup plus vite. Ils savent aussi que dans la maison, il faut éteindre les lumières quand on quitte sa chambre et qu'il faut débrancher les consoles de jeux et les téléphones. Même en mode veille, tous les appareils branchés sur le secteur consomment encore de l'énergie. Je les ai amusés en leur racontant que mon ami Eyal, lorsqu'il avait leur âge et qu'il vivait dans un kibboutz du Néguev, avait pour consigne de ne se laver qu'une fois par semaine et de prendre les douches à plusieurs…

Ces futurs *Homo energeticus* de 2050 n'ont pas encore connu de contraintes énergétiques majeures, telles que des coupures de courant massives, que déjà ils se projettent dans un monde différent de celui de leurs parents, pas forcément meilleur mais assurément différent. Ils savent qu'ils devront s'adapter. Alors que nous pensons qu'il faut éduquer les plus jeunes, je me suis rendu compte qu'il fallait surtout aussi éduquer les plus âgés. Beaucoup de concitoyens de ma génération sont loin d'avoir ces réflexes et de pouvoir se projeter dans le monde que nous sommes en train de créer.

Mais les petits colibris de CM1 avaient tous la même difficulté à appréhender la sobriété numérique. La consommation des consoles de jeux, des tablettes ou bien celle des téléphones portables de leurs parents sur lesquels ils passent des heures à regarder des vidéos en ligne, tout cela est encore très abstrait. Pourtant, le numérique représente

40 % du « forfait GES soutenable » que nous devons atteindre. Ce forfait théorique de 2 tonnes de CO_2, c'est ce que chaque personne se devrait d'émettre comme gaz à effet de serre pendant un an pour tenter de juguler à 1,5 °C l'augmentation de température issue du réchauffement global. Vous le savez maintenant, l'empreinte du numérique dans nos vies est croissante, en cohérence avec l'utilisation et les performances attendues. Comme nous l'avons vu, cette croissance ne donne pas de signes de faiblesse. Alors des initiatives existent et permettent d'évaluer l'empreinte numérique d'un site internet. C'est le cas de EcoIndex, un site web qui permet de tester les autres sites web en copiant leur URL et qui donne une note sur 100 associée à un classement/code couleur entre A et G, le A vert indiquant une maximale proche de 100. Cette note est la somme de divers critères tels que la complexité de la page et le poids des données transférées. Plus la page est complexe à déchiffrer et plus l'effort à fournir de la part du microprocesseur de votre ordinateur sera important. *In fine*, il consomme plus d'énergie pour le transport de ces données et cela diminue la durée de vie des équipements*.

---

* *Homo energeticus* se connecte au wifi avec des systèmes de plus en plus rapides. Une connexion 4G nécessite jusqu'à 23 fois plus d'énergie pour transporter la même quantité de données qu'une connexion ADSL. Que dire alors de la 5G, voire de la 6G annoncée pour 2028 ? Cela implique pour moi des connexions réservées aux usages professionnels et industriels. Vivre au quotidien en 4G ne me semble pas insurmontable, en atteste d'ailleurs le faible déploiement en France de la 5G depuis 2020.

Maintenant que nous pouvons comparer l'empreinte environnementale des sites web comme celle de simples yaourts, cela va motiver les acteurs du numérique à faire de l'écoconception de leurs sites internet. Cette démarche d'écoconception est fondée sur cinq bases. Tout d'abord, il faut définir l'unité fonctionnelle du service, c'est-à-dire sa fonction principale pour l'utilisateur, par exemple acheter un produit ou réserver un service. Les sites multiservices dont un seul service est principalement mobilisé consomment des ressources inutiles, ils sont à bannir. Par exemple, un site qui permet de réserver une table de restaurant, un taxi, une baby-sitter, des places de cinéma, de théâtre, de cirque... et qui ne sert en définitive qu'à réserver une table de restaurant en bas de chez vous va consommer des ressources qui ne seront jamais utilisées. C'est de l'énergie qui est finalement gaspillée.

Il faut ensuite évaluer l'impact environnemental de tous les équipements nécessaires à la mise en œuvre du service numérique sur l'ensemble de son cycle de vie, fabrication, utilisation et fin de vie. Pour être complet, il faut intégrer plusieurs indicateurs environnementaux, dont en particulier les matières premières stratégiques évoquées dans le chapitre précédent ainsi que la consommation d'eau.

Côté système, les chercheurs dans le domaine numérique déploient des trésors d'ingéniosité pour inventer un numérique frugal, c'est-à-dire des ordinateurs ou des serveurs informatiques qui, dans leur fabrication et dans l'architecture des puces microélectroniques, vont intégrer des économies d'énergie et de ressources à tous les étages.

De même, les logiciels sont conçus de manière que les algorithmes soient plus simples, moins redondants et donc moins gourmands en espace mémoire. Cela rappelle le bon vieux temps des années 1980 où avec 128 kilo-octets de mémoire, nous devions y réfléchir à deux fois quand nous programmions un code…

Et puis une fois encore, ce sont les colibris numériques qui vont devoir se creuser la cervelle pour inventer de nouveaux usages. À bien y regarder, *Homo energeticus* passe ou va passer beaucoup de temps professionnel devant un écran d'ordinateur, au bureau ou bien en télétravail. Il existe toutefois des gestes pour réduire efficacement son empreinte numérique professionnelle, qui représente 27 % de notre budget GES soutenable, défini précédemment[10].

Le collectif GreenIT[11] propose cinq bonnes pratiques pour réduire les impacts environnementaux du numérique dans le monde du travail. Tout d'abord, il s'agit d'éviter de suréquiper les *Homo energeticus* professionnels au niveau de leurs postes de travail. L'exemple flagrant est celui de la multiplication des écrans, dont la taille augmente sans cesse, et l'impact environnemental suit le même chemin. Ensuite, il faut allonger autant que possible la durée de vie du matériel mis à disposition par les entreprises. Prendre soin de ce dernier, en particulier dans la gestion des batteries des ordinateurs portables, augmente logiquement la durée de vie des systèmes numériques. Certaines entreprises cèdent même leur matériel usagé au profit d'associations qui en assurent le réemploi vers des personnes qui n'ont pas les moyens de s'offrir des ordinateurs, luttant ainsi contre l'exclusion numérique[12].

Les confinements successifs et l'usage du télétravail ont popularisé les visioconférences dans le monde. Lorsque cette pratique se généralise dans une entreprise, elle mobilise le réseau qui souvent doit s'adapter et grossir. Il apparaît donc raisonnable de recourir à la vidéo uniquement lorsque c'est nécessaire. Rappeler cette évidence peut paraître trivial, mais depuis 2021, comme je l'ai déjà évoqué précédemment, je suis très étonné de découvrir que certaines visioconférences auxquelles je participe rassemblent des personnes qui sont en réalité dans le même bâtiment ! *Homo energeticus* deviendrait-il timide ? En tout cas, il ne l'est pas lorsqu'il communique par mail. Il est très simple de réduire l'impact environnemental des mails en compressant les pièces jointes ou bien en utilisant chaque fois que cela est possible un outil de partage de fichiers. Beaucoup d'entreprises ont déjà abordé l'écoconception de leurs outils numériques et des « chartes e-mail » existent aussi. La limitation des mails est aussi bénéfique pour la santé mentale des *Homo energeticus* qui ont du mal à se déconnecter. Beaucoup de burn-out professionnels ont pour cause une absence de déconnexion aux outils numériques, donc si vous ne le faites pas pour l'environnement, faites-le pour votre cerveau !

Je ne crois pas à l'exemplarité de la force et de la contrainte, je crois plutôt à la force de l'exemple. C'est la raison pour laquelle j'ai demandé récemment à l'ensemble de mes collaborateurs de réfléchir à notre mode de vie professionnel numérique, alors que nous travaillons depuis plusieurs années sur des sites distants géographiquement. Ce qui a d'abord été salutaire, c'est la découverte par la plupart d'entre nous de l'énorme impact de notre consommation des outils numériques. Ensuite, nous avons réfléchi à nos usages et à ce qu'il faut changer. Nous avons notamment décidé de ne plus conclure une séquence d'échanges par un mail de remerciement. Nous avons convenu de nous remercier deux fois par an, les yeux dans les yeux, lors de nos assemblées générales en présentiel. De la même manière, nous avons décidé de garder nos ordinateurs au minimum cinq ans et de faire de même avec nos téléphones portables. Côté installation numérique, nous avons investi dans des systèmes low-tech : des prises multiples munies d'interrupteurs… Nos ordinateurs et chargeurs de portables sont branchés sur une seule et même prise qu'il suffit d'éteindre le soir, à la veille de week-end ou de départ en vacances. Cela n'a rien de révolutionnaire et beaucoup d'*Homo energeticus* colibris le font déjà. Ce qui est intéressant, c'est que, après quelques années de fonctionnement de ce type, beaucoup d'entre nous ont importé ces habitudes dans leur vie personnelle. Chaque pas effectué, même modeste, est un pas vers de nouveaux comportements et mode de vie, sans culpabilité ni contrainte, uniquement parce qu'il est nécessaire que nous nous sentions concernés collectivement et responsables.

Des solutions existent face à l'urgence de la transition énergie-climat. Elles sont et seront techniques mais pas uniquement. Les réflexions sur nos sociétés et l'approche sociale de la transition énergie-climat sont aussi importantes pour atteindre l'indispensable déconsommation. Il faut faire preuve de vigilance vis-à-vis des fausses bonnes idées que nous rencontrons quotidiennement. Pour preuve, en 2023, les couloirs du métro parisien ont été recouverts d'affiches vantant des produits végétariens, donc bons pour la planète et pour notre santé. Ce qui est surprenant, c'est que ces produits alimentaires sont des ersatz de vrais produits traditionnels. Les protéines végétales permettent maintenant de fabriquer de faux lardons, de faux saumons et même du foie gras végétal. Au-delà du fait que fabriquer ces produits doit forcément coûter en énergie et en eau, ils laissent surtout à penser qu'*Homo energeticus* peut devenir végétarien sans modifier son mode de vie. C'est une erreur historique selon moi, car choisir des solutions en faveur de la transition énergie climat, c'est aussi s'adapter à un autre mode de vie et redécouvrir, par exemple, la gastronomie végétarienne ancestrale venue d'Asie ou d'ailleurs.

Nous faisons partie soit du problème, soit de la solution, écrivait le militant des droits civiques américain Leroy Eldridge Cleaver. Ce choix est personnel et les solutions peuvent être modestes, mais *Homo energeticus* ne doit pas les négliger et surtout ne pas hésiter à s'engager.

À titre d'exemple, deux ingénieurs et chercheurs engagés, Benjamin Tincq et Greg de Temmerman, ont créé la lettre d'information « Les Solutionnistes »[13] car, comme ils le disent si bien, l'accord de Paris ne va pas se tenir tout seul. Devant l'inactivité criante des décideurs politiques et industriels, nous avons bien besoin d'une lettre d'information sur le sujet pour stimuler le débat avec une garantie « net zéro bullshit ». Je fais une distinction entre engagement et militantisme, ce second état de la réflexion pouvant conduire à faire perdurer des dogmes qui ont la vie dure. Le débat sur l'énergie tourne souvent autour de l'opposition militance/compétence, comme le dit si bien le philosophe des sciences Étienne Klein. Aussi ne laissons pas les Cassandre autoproclamés et plus ou moins bien intentionnés nous dire que nous sommes la première génération des derniers hommes. *Homo energeticus* a encore de la ressource s'il s'en donne collectivement les moyens.

FINALEMENT, NOUS NE POUVONS PAS CONCLURE...

La course folle d'*Homo sapiens* devenu *Homo energeticus* nous oblige maintenant à affronter un constat sans appel. Notre consommation effrénée de ressources et d'énergie entraîne des conséquences tangibles sur notre environnement et des interrogations sur la durabilité de notre mode de vie. À partir de ce constat et pour limiter la surchauffe de notre planète, *Homo energeticus* doit agir vite, et induire une transformation radicale de son système énergétique et de son mode de vie, sur un temps court, sans précédent dans l'histoire de l'humanité.

Pour cela, il doit s'astreindre à aborder sans tarder trois actions prioritaires.

Il faut tout d'abord réduire rapidement et efficacement les émissions de gaz à effet de serre. À l'échelle de la planète, *Homo energeticus* émet annuellement environ 60 gigatonnes de gaz à effet de serre : dioxyde de carbone, méthane... Cette valeur doit idéalement se rapprocher de zéro à l'horizon 2050. Mais cela n'est pas finalement compatible avec le maintien d'une activité humaine minimale ;

aussi il faudra éliminer le CO_2 de notre atmosphère pour compenser les émissions résiduelles inéluctables au-delà de 2050. Des solutions de capture, de stockage et de recyclage du CO_2 devront être déployées afin de réduire nos émissions annuelles à des valeurs comprises entre 5 et 15 gigatonnes et limiter l'augmentation de température moyenne à 1,5 °C.

Enfin, il va falloir gérer les conséquences du changement climatique déjà engagé, et cela nécessite une adaptation inédite des sociétés humaines et des écosystèmes. *Homo energeticus* est à l'aube de la prise de conscience des implications sociales et politiques que vont engendrer ces adaptations. Liberté individuelle et justice sociale sont les deux aspects importants à prendre en compte pour qu'*Homo energeticus* adhère à une évolution de son mode de vie.

Pour ces trois enjeux, il n'est pas à ce jour envisageable d'imaginer des procédés technologiques miracles qui géreraient l'ensemble des sujets précédents pour nous permettre de vivre sans rien changer de nos modes de vie. De même, le grand soir politique suivi d'une révolution planétaire et d'une refonte profonde de nos modes de vie semble illusoire. Enfin, un changement brutal de nos modes de consommation semble impossible à atteindre. Pourtant, c'est bien l'ensemble de ces évolutions (techniques, politiques et sociales) qui est nécessaire. À cela s'ajoute un contexte de crise post-pandémie Covid, les tensions géopolitiques et les guerres actuelles et potentielles. Mais comme aimait à le rappeler Winston Churchill : « Il ne faut jamais gâcher une bonne crise[1]. »

Aussi, dans le monde incertain où vit *Homo energeticus*, les crises que nous traversons sont autant d'accélérateurs pour la prise de conscience de thèmes récurrents tels que l'indépendance à l'égard de ressources stratégiques, la résilience et la souveraineté des systèmes énergétiques.

Pour appréhender l'avenir, il est toujours intéressant de regarder dans le passé et d'observer comment nos ancêtres imaginaient le futur... Pour cela, les conversations avec mon ami Roland Lehoucq, encyclopédie vivante de la science-fiction, me sont toujours utiles. Nous avons eu un échange inspirant sur l'auteur français le plus prolifique de ce genre, Jules Verne. Il a influencé de nombreux écrivains, cinéastes et aussi scientifiques en herbe dont j'ai fait partie. Dans ses ouvrages, Jules Verne se fondait sur les connaissances scientifiques et techniques de son époque et les extrapolait grâce à son imagination fertile. De manière assez logique, l'énergie sous ses formes diverses était au centre des réflexions de l'auteur nantais pour que ses aventuriers puissent se déplacer « vingt mille lieues sous les mers » et « de la Terre à la Lune » à l'aide de véhicules toujours plus extraordinaires.

Dans *Vingt mille lieues sous les mers*, c'est le *Nautilus* qui fait l'émerveillement des lecteurs. Les performances de ce sous-marin sont tout simplement remarquables car il peut plonger rapidement en grande profondeur, se déplacer à grande vitesse tout en offrant un confort inégalable. Le secret de l'énergie qui propulse le vaisseau est dévoilé dans le chapitre XII, sobrement intitulé « Tout à l'électricité ». L'ingénieur Aronnax, invité malgré lui, interroge le capitaine Nemo pour savoir comment tout cela est possible. Ce dernier répond sans détour : « Il est un agent puissant, obéissant, rapide, facile, qui se plie à tous les usages et qui règne en maître à mon bord. Tout se fait par lui. Il m'éclaire, il m'échauffe, il est l'âme de mes appareils mécaniques. Cet agent, c'est l'électricité. »

Enfin, dans *L'Île mystérieuse*, les cinq Américains échoués sur une île inhospitalière réfléchissent à la manière de créer une nouvelle civilisation. Ils se heurtent à la question épineuse de l'énergie. Comme dans *Les Indes souterraines*, la question de la durabilité de la houille est interrogée et en même temps une nouvelle solution est évoquée : il faut brûler de l'eau ! Cyrus Smith explique sobrement : « Oui, mes amis, je crois que l'eau sera un jour employée comme combustible, que l'hydrogène et l'oxygène, qui la constituent, utilisés isolément ou simultanément, fourniront une source de chaleur et de lumière inépuisable et d'une intensité que la houille ne saurait avoir. Un jour, les soutes des steamers et les tenders des locomotives, au lieu de charbon, seront chargés de ces deux gaz comprimés, qui brûleront dans les foyers avec une énorme puissance calorifique. »

Cent cinquante ans plus tard, on constate qu'un esprit comme celui de Jules Verne avait prédit avec justesse la fin des ressources fossiles, l'usage extensif de l'électricité et l'utilisation de l'hydrogène décarboné puisque produit à partir de l'eau.

Le verre à moitié plein montre qu'à ce jour, les technologies disponibles peuvent permettre de répondre à la moitié des besoins de décarbonation d'*Homo energeticus*. En effet, 50 % des émissions mondiales en gaz à effet de serre peuvent être effacées avec des solutions identifiées : énergies renouvelables et nucléaire, véhicules électriques, régimes alimentaires avec peu de viande... Il reste maintenant à les déployer sans tarder afin de limiter effectivement l'augmentation de température à la surface de la planète.

Mais *Homo energeticus* se trouve aussi devant un verre à moitié vide lorsqu'il s'interroge sur les 50 % d'émissions restantes à effacer d'ici à 2050. Cela s'adresse à des secteurs fortement carbonés comme l'industrie lourde, le transport maritime, l'agriculture ou bien l'industrie numérique. Ces secteurs seront gérés avec des technologies encore en développement pour produire électricité, hydrogène et chaleur décarbonés. *Homo energeticus* va donc devoir investir massivement dans la recherche s'il attend des réponses techniques réalistes.

Et puis, nous l'avons vu, les technologies actuelles et futures ne permettront pas de continuer à consommer comme nous en avons pris l'habitude depuis deux cents ans. Le changement de notre mode de vie est inéluctable.

Une étude scientifique suédoise a examiné « le potentiel de réduction des émissions de gaz à effet de serre si les dépenses des ménages sont réorientées vers des alternatives à faibles émissions, abordables et disponibles[2] ». En réfléchissant aux trois postes importants dans la consommation des ménages (la nourriture, l'ameublement et le mode de vacances), les réductions possibles sont comprises entre 35 et 40 %. Le changement de mode de vie est déjà en marche. Une fois encore, ce sont les *Homo energeticus* femmes qui montrent la voie.

Ces dernières ont une empreinte environnementale inférieure à celle des hommes. En France, plus sédentaires et moins consommatrices de viande et de carburants fossiles, elles produisent 16 % de moins de CO_2[3]. Deux tiers des végétariens sont des végétariennes. Mais c'est malheureusement parce que les femmes sont les premières exposées à la précarité qu'elles sont globalement plus soucieuses de l'accès aux ressources.

Ayant connu des situations de crise, Georges Clemenceau savait de quoi il parlait lorsqu'il disait : « Il faut d'abord savoir ce que l'on veut, il faut ensuite avoir le courage de le dire, il faut ensuite l'énergie de le faire[4]. » Nous devons déployer de l'énergie pour nous adapter et quitter l'illusion d'un monde où la croissance est infinie car les ressources ne le sont pas. Et à votre niveau vous êtes forcément les premiers acteurs de votre consommation. Allons plus loin : vous pouvez devenir les acteurs de la déconsommation, c'est-à-dire une consommation adaptée à vos besoins sans que les contraintes associées soient insupportables.

Alors, pour que *Homo energeticus* puisse avoir un avenir possible, je vous propose de devenir des « déconsom'acteurs » enthousiastes et volontaires.

NOTES BIBLIOGRAPHIQUES*

UN CONSTAT SANS APPEL...

1 « La règle des 3 en survie », Explora Project, 27 décembre 2021 : https://www.explora-project.com/blog/articles/la-regle-des-3-en-survie

2 « Production mondiale d'eau potable par dessalement d'eau de mer » : https://www.planetoscope.com/eau-oceans/121-production-mondiale-d-eau-potable-par-dessalement-d-eau-de-mer.html

3 « Production mondiale de pétrole » : https://www.planetoscope.com/petrole/559-production-mondiale-de-petrole.html

1 DE LA RÉVOLUTION COGNITIVE À LA RÉVOLUTION INDUSTRIELLE

1 Harari Y. N., *Sapiens. Une brève histoire de l'humanité*, Paris, Albin Michel, 2015.

---

* Avec des sites internet qui pourraient intéresser les *Homo energeticus* connectés, à utiliser avec la sobriété numérique qui s'impose...

2 *Science & Vie*, n° 301 Hors-série, « Énergie : Quels défis pour demain ? », mai 2022.

3 Bergson H., *L'Énergie spirituelle*, Félix Alcan, 1919.

4 « Énergies », CEA, 3 février 2017 : https://www.cea.fr/comprendre/Pages/energie.aspx

5 Donahue M. Z., « Notre ADN serait toujours composé de gènes néandertaliens », *National Geographic* : https://www.nationalgeographic.fr/sciences/sante-notre-adn-serait-toujours-compose-de-genes-neandertaliens

6 Ministère de la Culture, « Lascaux, Chauvet, Cosquer… comment ces découvertes ont changé notre regard sur la préhistoire », 14 juin 2022 : https://www.culture.gouv.fr/Actualites/Lascaux-Chauvet-Cosquer-comment-ces-decouvertes-ont-change-notre-regard-sur-la-prehistoire

7 Goscinny R. et Uderzo A., *Le tour de Gaule d'Astérix*, Paris, Hachette, 1963.

8 Braudel F., *Civilisation matérielle, économie et capitalisme (xve-xviiie)*, Paris, Armand Colin, 1979.

9 Nathan J. et Zöllner F., *Leonardo da Vinci – The Complete Drawings*, Cologne, Taschen, 2014.

10 « Densité énergétique » : https://energyeducation.ca/Encyclopedie_Energie/index.php/Densit%C3%A9_%C3%A9nerg%C3%A9tique

11 Gaston-Breton T., « Nikola Tesla contre Thomas Edison, la guerre des courants », *Les Échos*, 23 juillet 2014 : https://www.lesechos.fr/2014/07/nikola-tesla-contre-thomas-edison-la-guerre-des-courants-1103109

12 Dick P. K., *Blade Runner / Les androïdes rêvent-ils de moutons électriques*, Paris, J'ai Lu, 1968.

13 Bellini E., « Longi revendique le plus haut rendement au monde pour ses cellules solaires en silicium », PV Magazine, 22 novembre 2022 : http://www.pv-magazine.fr/2022/11/23/longi-revendique-le-plus-haut-rendement-au-monde-pour-ses-cellules-solaires-en-silicium/

14 Saudi Press Agency, « L'équipe de Kaust établit un record mondial d'efficacité des cellules solaires en tandem »,

14 avril 2023 : https://sp.spa.gov.sa/viewfullstory.php?lang=fr&newsid=2443946

15 Polak E., « Barrage d'Assouan », Les Clés du Moyen-Orient, 18 mars 2014 : https://www.lesclesdumoyenorient.com/Barrage-d-Assouan.html

16 Ministère de l'Agriculture, « Égypte – Contexte agricole et relations internationales. Ce qu'il faut retenir », 13 octobre 2022 : https://agriculture.gouv.fr/egypte

2 L'URGENCE CLIMATIQUE QUESTIONNE NOTRE PRÉSENT

1 « Comprendre le GIEC » : https://www.ecologie.gouv.fr/comprendre-giec

2 « Rencontres du progrès 2019 – Stéphane Sarrade et Philippe Bihouix », chaîne YouTube Librairie Mollat, 18 octobre 2019 : https://www.youtube.com/watch?v=8LzGvcx4zao

3 « Faut-il croire au réchauffement climatique ? », chaîne YouTube ScienceEtonnante, 27 novembre 2015 : https://www.youtube.com/watch?v=R6eywXdssMw

4 « Quels sont les gaz à effet de serre », 1er août 2007 : https://jancovici.com/changement-climatique/gaz-a-effet-de-serre-et-cycle-du-carbone/quels-sont-les-gaz-a-effet-de-serre-quels-sont-leurs-contribution-a-leffet-de-serre/

5 MyClimate, « Qu'est-ce que l'effet de serre anthropique ? », 1er mars 2022, https://www.myclimate.org/fr/sinformer/faq/faq-detail/effet-de-serre-anthropique/

6 IPCC, « Global Warming of 1,5°C » : https://www.ipcc.ch/sr15/

7 Rio T., « Environnement : qui sont ces 21 % de Français qui se disent climatosceptiques ? », 22 avril 2022 : https://www.leparisien.fr/environnement/environnement-qui-sont-ces-21-de-francais-qui-se-disent-climatosceptiques-22-04-2022-4TGSQ3XEHJHV5EOHCFKPWBZU7U.php

8 McKay A., *Don't Look Up : Déni cosmique*, 2021.

9 « State of the Climate in 2021 », Special Supplement to the Bulletin of the *American Meteorological Society*, vol. 103, nº 8, août 2022 : https://ametsoc.net/sotc2021/StateoftheClimate2021_lowres.pdf

10 https://materlesmaths.webnode.fr/a4%C3%A8me/legende-sissa/

11 Times R. et O., « Coal Consumption Affecting Climate », *Waitemata and Kaipara Gazette*, 14 août, 1912, p. 7 : https://paperspast.natlib.govt.nz/newspapers/ROTWKG19120814.2.56.5

12 « Toujours plus de centrales à charbon dans le monde », notre-planete.info, 4 mai 2022 : https://www.notre-planete.info/actualites/4927-centrales-charbon-production-monde

13 Convention-cadre des Nations unies sur les changements climatiques, Nations unies, 1992 : https://www.un.org/sites/un2.un.org/files/2020/01/1992_convention-cadre_des_nations_unies_sur_les_changements_climatiques.pdf

14 « COP21 de Paris : le résumé des enjeux et des engagements pris par les États » : https://selectra.info/energie/guides/environnement/cop21

15 Influence Map, « Big Oil's Real Agenda on Climate Change », mars 2019 : https://influencemap.org/report/How-Big-Oil-Continues-to-Oppose-the-Paris-Agreement-38212275958aa21196dae3b76220bddc ; « Big Oil's Real Agenda on Climate Change 2022 », septembre 2022 : https://influencemap.org/report/Big-Oil-s-Agenda-on-Climate-Change-2022-19585

16 Global Footprint Network, « This Year's Earth Overshoot Day Falls on August 2 » : https://www.footprintnetwork.org/

17 Fournier C., « Quels secteurs émettent le plus de CO2 en France et dans le monde ? », Youmatter, 25 novembre 2019 : https://youmatter.world/fr/emissions-co2-par-secteur-monde-france/ ; EPA, « Global Greenhouse Gas Emissions Data » : https://www.epa.gov/ghgemissions/global-greenhouse-gas-emissions-data

18 Ritchie H. et Roser M., « Emissions by sector – (Electricty heat and transport) », Our World in Data, 2020 : https://ourworldindata.org/emissions-by-sector#energy-electricity-heat-and-transport-73-2

19 « Pour un climat vivable : les engagements en faveur du zéro émission nette doivent être étayés par des mesures crédibles », Nations unies : https://www.un.org/fr/climatechange/net-zero-coalition

20 Ministère de la Transition écologique, « Stratégie nationale bas-carbone », mars 2020 : https://www.ecologie.gouv.fr/sites/default/files/2020-03-25_MTES_SNBC2.pdf et https://www.ecologie.gouv.fr/strategie-nationale-bas-carbone-snbc

21 Gouvernement, « Électricité : le devoir de lucidité », 23 mars 2021 : https://www.gouvernement.fr/electricite-le-devoir-de-lucidite

22 « Hydroélectricité : stations de transfert d'énergie par pompage (STEP) » : https://www.connaissancedesenergies.org/fiche-pedagogique/hydroelectricite-stations-de-transfert-denergie-par-pompage-step

23 Gratian P., « Fin des moteurs thermiques dans les voitures neuves en 2035 : tout comprendre en trois questions », *Ouest France*, 27 mars 2023 : https://www.ouest-france.fr/economie/transports/voiture/fin-des-moteurs-thermiques-dans-les-voitures-neuves-en-2035-tout-comprendre-en-trois-questions-87aeaf5c-cc9d-11ed-8144-e74efc02d2d3

3 ENTRE SOBRIÉTÉ, BESOINS ÉNERGÉTIQUES CROISSANTS ET SOUVERAINETÉ DES NATIONS

1 « To the Moon... and Back? | 13 Factors that saved *Apollo 13* – Part 1 », chaîne YouTube Free Documentary History, 25 décembre 2020 : https://www.youtube.com/watch?v=JBdCiX_FnU8

2 Viviane C. *et al.*, « Groundswell Part 2 : Acting on Internal Climate Migration », 13 septembre 2021 : https://openknowledge.worldbank.org/handle/10986/36248

3 « D'ici à 2050, le changement climatique risque de contraindre 216 millions de personnes à migrer à l'intérieur de leur

pays », La banque mondiale, 13 septembre 2021 : https://www.banquemondiale.org/fr/news/press-release/2021/09/13/climate-change-could-force-216-million-people-to-migrate-within-their-own-countries-by-2050

4 Leblanc É., « Quand le climat contraint de tout quitter », Radio Canada, 25 octobre 2021 : https://ici.radio-canada.ca/recit-numerique/3137/cop26-climat-migration

5 Bellet H., « L'art, nouvelle cible des activistes écologistes », *Le Monde*, 26 octobre 2022 : https://www.lemonde.fr/culture/article/2022/10/26/l-art-nouvelle-cible-des-activistes-ecologistes_6147341_3246.html

6 « Private jets : can the super-rich supercharge zero-emission aviation ? », 27 mai 2021 : https://www.transportenvironment.org/discover/private-jets-can-the-super-rich-supercharge-zero-emission-aviation/

7 « Faut-il limiter les vols en avion à 4 dans une vie », Quotidien, 1er juin 2023 : https://www.tf1.fr/tmc/quotidien-avec-yann-barthes/videos/comment-limiter-les-vols-en-avion-a-4-dans-une-vie-comme-le-propose-jean-marc-jancovici-70625357.html

8 Faucher F. et Thabourey L., « L'action des deux activistes à l'encontre des *Tournesols* de Van Gogh s'inscrit dans une tradition de militantisme », *Le Monde*, 25 octobre 2022 : https://www.lemonde.fr/idees/article/2022/10/25/l-action-des-deux-activistes-a-l-encontre-des-tournesols-de-van-gogh-s-inscrit-dans-une-tradition-de-militantisme_6147243_3232.html

9 Bourdieu P., *Sur la télévision*, Paris, Éditions Raisons d'agir, 1996.

10 Mestre A., « “Impact”, d'Olivier Norek : la terreur renouvelable », *Le Monde*, 28 novembre 2020 : https://www.lemonde.fr/livres/article/2020/11/28/impact-d-olivier-norek-la-terreur-renouvelable_6061491_3260.html

11 France Culture, *Un été avec Jankélévitch*, « À quoi sert la philosophie ? », 22 août 2022 : https://www.radiofrance.fr/franceinter/podcasts/un-ete-avec-jankelevitch/un-ete-avec-jankelevitch-du-lundi-22-aout-2022-5500004

12 National Intelligence Council, « Global trends 2040 : a more contested world », mars 2021 : https://www.dni.gov/files/ODNI/

documents/assessments/GlobalTrends_2040.pdf; Gastineau N. et Martel F., « “Le monde en 2040 vu par la CIA” : le best-seller prospectif du renseignement américain », France Culture, 31 mai 2021 : https://www.radiofrance.fr/franceculture/le-monde-en-2040-vu-par-la-cia-le-best-seller-prospectif-du-renseignement-americain-9130772

13 « Devant la menace climatique, chaque cerveau est responsable », *Le Monde*, 14 juillet 2022 : https://www.lemonde.fr/sciences/article/2022/07/14/devant-la-menace-climatique-chaque-cerveau-est-responsable_6134784_1650684.html

14 Ripoll T., « Crise environnementale : dépasser l'opposition cerveau-culture », *Le Monde*, 14 juillet 2022 : https://www.lemonde.fr/sciences/article/2022/07/14/crise-environnementale-depasser-l-opposition-cerveau-culture_6134781_1650684.html

15 YouMatter, « Déconsommation : définition, phénomène, exemple – qu'est-ce que la déconsommation », 21 mai 2021 : https://youmatter.world/fr/definition/deconsommation-definition-phenomene-exemple-quest-ce-que-la-deconsommation/

16 Latour B., *Le métier de chercheur*, INRA, 2001 : https://www6.inrae.fr/sciences-en-questions/Conferences-et-ouvrages/Conferences-par-thematique/Metiers-et-organisation-de-la-recherche/Bruno-Latour

17 IEA, « Net Zero by 2050. A Roadmap for the Global Energy Sector », mai 2021 : https://www.connaissancedesenergies.org/sites/default/files/pdf-actualites/NetZeroby2050-ARoadmapfortheGlobalEnergySector.pdf

18 DataLab, « Chiffres clés du climat. France, Europe et Monde », 2021 : https://www.statistiques.developpement-durable.gouv.fr/sites/default/files/2020-12/datalab_81_chiffres_cles_du_climat_edition_2021.pdf

19 Économie d'énergie, « Les émissions de CO_2 », 24 septembre 2012 : https://www.economiedenergie.fr/les-emissions-de-co2-par-energie/

20 « #VivreAvec : “Mon fils ne m'a pas survécu, j'aimerais que cette bourse me survive” », *Le Monde*, 30 mars 2016 : https://www.lemonde.fr/attaques-a-paris/article/2016/04/01/vivreavec-batir-sur-le-neant_4894222_4809495.html

21 IEA, « Net Zero by 2050 », art. cit.

22 négaWatt, « Scénario négaWatt 2022 » : https://negawatt.org/Scenario-negaWatt-2022

23 Cérémé, « Futurs énergétiques 2050. Le scénario alternatif N4-2 du Cérémé », 2022 : https://cereme.fr/travaux/#strategie-alternative

24 « Macron prépare les esprits à “la fin de l'abondance” et “de l'insouciance” », *La Tribune*, 24 août 2022 : https://www.latribune.fr/economie/france/macron-prepare-les-esprits-a-la-fin-de-l-abondance-et-de-l-insouciance-928491.html

25 Cailloce L., « La sobriété ne peut pas reposer seulement sur les individus », *CNRS Le Journal*, 23 novembre 2022 : https://lejournal.cnrs.fr/articles/la-sobriete-ne-peut-pas-reposer-seulement-sur-les-individus

26 Sylvain Bersinger, « Limiter la vitesse sur les routes et autoroutes », Asterès, 6 septembre 2022 : https://asteres.fr/limiter-la-vitesse-sur-les-routes-et-autoroutes-une-economie-de-149e-par-menage/#

27 Ecov, « Un système de transport mature mais inefficace », 3 septembre 2020 : https://www.ecov.fr/fr/article/une-systeme-de-transport-mature-mais-inefficace

28 Chicheportiche O., « Animaux de compagnie : un marché de 5 milliards d'euros en France l'an dernier », BMFTV, 5 mai 2021 : https://www.bfmtv.com/economie/economie-social/france/animaux-de-compagnie-un-marche-de-5-milliards-d-euros-en-france-l-an-dernier_AN-202105050274.html

29 Ademe Presse, « Environnement, action publique et fiscalité environnementale », 13 octobre 2022 : https://presse.ademe.fr/2022/10/environnement-action-publique-et-fiscalite-environnementale-ce-que-pensent-les-francais-en-2022.html

30 Économie d'énergie, « Les émissions de CO_2 », 24 septembre 2012 : https://www.economiedenergie.fr/les-emissions-de-co2-par-energie/

31 Ritchie H., « What are the safest and cleanest sources of energy ? », Our World in Data, 10 février 2020 : https://ourworldindata.org/safest-sources-of-energy

32 *Ead.*, « What was the death toll from Chernobyl and Fukushima? », 24 juin 2017, Our World in Data : https://ourworldindata.org/what-was-the-death-toll-from-chernobyl-and-fukushima

33 Connaissance des énergies, « Qu'est-ce que la facture de charge d'une unité de production électrique ? », 11 août 2016 : https://www.connaissancedesenergies.org/questions-et-reponses-energies/quest-ce-que-le-facteur-de-charge-dune-unite-de-production-electrique

34 Cenareo, « Les travailleurs nomades : qui sont-ils ? », 12 septembre 2022 : https://blog.cenareo.com/travailleurs-nomades-un-nouveau-mode-de-travail

35 Blain C. et Jancovici J.-M., *Le Monde sans fin*, Paris, Dargaud, 2021.

4 LES CHIMÈRES DE LA TECHNOSCIENCE

1 Serres M., *C'était mieux avant*, Paris, Le Pommier, 2017.

2 Harari Y. N., *Homo Deus. Une brève histoire du futur*, Paris, Albin Michel, 2018.

3 Greenwashing Economy, « Convergence NBIC : vers une domination totale de la nature par la technologie », 3 mai 2022 : https://greenwashingeconomy.com/convergence-nbic-domination-totale-nature-par-technologie

4 Mariani J. et Tirtsch D., « Transhumanisme : de l'illusion à l'imposture », CNRS Le Journal, 30 août 2018 : https://lejournal.cnrs.fr/billets/transhumanisme-de-lillusion-a-limposture

5 Citation complète : « Il n'y a pas d'autre définition possible du réel que : c'est l'impossible quand quelque chose se trouve caractérisé de l'impossible, c'est là seulement le réel ; quand on se cogne, le réel, c'est l'impossible à pénétrer » (Conférence au MIT [2 décembre 1975], parue dans *Scilicet*, n° 6-7, 1975, p. 53-63).

6 The Shift Project, « Déployer la sobriété numérique, résumé aux décideurs », octobre 2020 : https://theshiftproject.org/wp-content/uploads/2020/10/Deployer-la-sobriete-numerique_Resume_ShiftProject.pdf

7 « Le vrai coût du numérique », *Pour la science*, n° 518, décembre 2020.

8 Arène R., « Le monde est plus connecté que jamais, 4,95 milliards de personnes utilisent Internet en 2022 », CENT, 31 août 2022 : https://www.cnetfrance.fr/news/le-monde-est-plus-connecte-que-jamais-495-milliards-de-personnes-utilisent-internet-en-2022-39946508.htm

9 Statista Research Department, « Ventes mondiales de smartphones aux utilisateurs finaux 2007-2023 », 25 mai 2023 : https://fr.statista.com/statistiques/565012/ventes-mondiales-de-smartphones-aux-utilisateurs-finaux/

10 C'est ce que pense à juste titre l'économiste Daniel Cohen dans son livre *Homo numericus. La « civilisation » qui vient*, Paris, Albin Michel, 2022.

11 Simon Kemp, « Digital 2022 : Global Overview Report », 26 janvier 2022, https://datareportal.com/reports/digital-2022-global-overview-report

12 Ricroch L., « En 25 ans, le temps passé à dormir la nuit a diminué de 18 minutes », Insee : https://www.insee.fr/fr/statistiques/1374047?sommaire=1374058

13 « Designing Organizations for an information-rich world », dans Greenberger M. (dir.), *Computers, communications, and the public interest*, Baltimore, The Johns Hopkins Press, 1971 : https://knowen-production.s3.amazonaws.com/uploads/attachment/file/2005/DESIGNING%2BORGANIZATIONS%2Bfor%2BInformation-Rich%2Bworld%2B–%2BSImon.pdf

14 « Impacts environnementaux du numérique en France », iNum, 17 janvier 2021 : https://www.greenit.fr/wp-content/uploads/2021/02/2021-01-iNum-etude-impacts-numerique-France-rapport-0.8.pdf

15 « Meta "même s'il est virtuel son impact sera réel" pub 15 s », chaîne YouTube PubTélé, https://www.youtube.com/watch?v=C_GSBZNFmlQ

16 The Shift Project, « Déployer la sobriété numérique », octobre 2020 : https://theshiftproject.org/wp-content/uploads/2020/10/Deployer-la-sobriete-numerique_Rapport-complet_ShiftProject.pdf

17 Willot A., « Internet : le plus gros pollueur de la planète ? », Fournisseur-Energie, 6 avril 2023 : https://www.fournisseur-energie.com/internet-plus-gros-pollueur-de-planete/

18 Pinaud O., « Les Gafam mettent la main sur les câbles sous-marins pour mieux contrôler Internet », *Le Monde*, 1er janvier 2023 : https://www.lemonde.fr/economie/article/2023/01/01/les-gafam-mettent-la-main-sur-les-cables-sous-marins-pour-mieux-controler-internet_6156258_3234.html

19 Richards E., « The Carbon Cost of an Email », Carbon Literacy Project : https://carbonliteracy.com/the-carbon-cost-of-an-email-2/

20 Deluzarche C., « Quelle est l'empreinte carbone d'un e-mail », Futura Sciences, 9 novembre 2022 : https://www.futura-sciences.com/planete/questions-reponses/eco-consommation-empreinte-carbone-e-mail-10840/

21 Jones N., « How to stop data centres from gobbling up the world's electricity », *Nature*, 12 septembre 2018 : https://www.nature.com/articles/d41586-018-06610-y

22 « Quelle est la consommation électrique du réseau Bitcoin ? », bitcoin.fr : https://bitcoin.fr/quelle-est-la-consommation-electrique-du-reseau-bitcoin/; « Why bitcoin uses so much energy », *The Economist*, 9 juillet 2018 : https://www.economist.com/the-economist-explains/2018/07/09/why-bitcoin-uses-so-much-energy

23 Hadjadji N., « Qu'est-ce que le "dabloon", la monnaie fictive qui affole TikTok ? », *Les Échos Start*, 7 décembre 2022 : https://start.lesechos.fr/innovations-startups/tech-futur/quest-ce-que-le-dabloon-la-monnaie-fictive-qui-affole-tiktok-1886914

24 Atif J., Burgess P. et Ryl I., *Géopolitique de l'IA*, Paris, Le Cavalier bleu, 2022 ; Gelin R., *Dernières nouvelles de l'intelligence artificielle*, Paris, Flammarion, 2022.

25 Voir aussi : Bonnefon J.-F., *La voiture qui en savait trop*, Paris, humenSciences, 2019.

26 Pitron G., *L'enfer numérique. Voyage au bout d'un like*, Paris, Les Liens qui libèrent, 2021.

27 « Matériaux critiques : comment l'Union européenne peut regagner en souveraineté », *L'Express*, 12 décembre 2022 :

https://www.lexpress.fr/environnement/materiaux-critiques-comment-lunion-europeenne-peut-regagner-en-souverainete-3NEM4JZCXVHRPJKFGDQQR7F2GE/

28 IEA, « The Role of Critical Minerals in Clean Energy Transitions », mai 2021 : https://www.iea.org/reports/the-role-of-critical-minerals-in-clean-energy-transitions

29 Delacroix G., « Métaux rares : ces entreprises lancées dans la course aux abysses Les terres rares sont un groupe de métaux aux propriétés voisines comprenant le scandium, l'yttrium et les quinze lanthanides », *Le Monde*, 6 janvier 2023 : https://www.lemonde.fr/economie/article/2023/01/06/metaux-rares-ces-entreprises-lancees-dans-la-course-aux-abysses_6156802_3234.html

30 *Ibid.*

31 Revoir *Le monde du silence* (1956) du commandant Cousteau : « Le Monde du Silence revisité – Film Complet » chaîne YouTube Cousteau Society, 20 juin 2007 : https://www.youtube.com/watch?v=PYmLwbAbwJA

5 COMMENT PASSER À L'ACTION ?

1 « La légende du colibri – Kna Blog », chaîne YouTube kna60, 3 décembre 2012 : https://youtu.be/OJL9jXZEpOo

2 Malet J.-B., « Le système Pierre Rabhi », *Le Monde diplomatique*, août 2018 : https://www.monde-diplomatique.fr/2018/08/MALET/58981

3 Cérémé, « Futurs énergétiques 2050. Le scénario alternatif N4-2 du Cérémé », 2022.

4 Ministère de l'Écologie, « Le prix du carbone », 2016 : https://www.ecologie.gouv.fr/sites/default/files/prix-carbone_4p_DEF_Fr.pdf

5 Solal C., « "Inflation Reduction Act" : l'Europe divisée face à la menace industrielle américaine », *Le Parisien*, 9 février 2023 : https://www.leparisien.fr/international/inflation-reduction-act-leurope-divisee-face-a-la-menace-industrielle-americaine-09-02-2023-M6ZNIZHJWZBIXIGVUC5OERYPPY.php

6 « Les prix de l'énergie poussent le géant allemand de la chimie BASF à délocaliser », *La Tribune*, 17 novembre 2022 : https://www.latribune.fr/entreprises-finance/industrie/chimie-pharmacie/les-prix-de-l-energie-poussent-le-geant-allemand-de-la-chimie-basf-a-delocaliser-941158.html

7 https://twitter.com/EmmanuelMacron/status/1338581063375925251

8 Save 4 Planet, « Combien de litres d'eau faut-il pour produire des aliments ? », 10 août 2020 : https://www.save4planet.com/ecologie/159/nombre-litre-eau-aliment

9 Association qui « encourage la diffusion rapide et à grande échelle d'une compréhension partagée des enjeux climatiques » : https://fresqueduclimat.org/projet/

10 Bordage F., « Numérique au bureau : 27 % de notre forfait GES soutenable », greenIT, 1er novembre 2021 : https://www.greenit.fr/2021/11/01/numerique-au-bureau-27-de-notre-forfait-ges-soutenable/

11 Bordage F., « 5 gestes pour réduire efficacement son empreinte numérique au bureau », greenIT, 4 janvier 2022 : https://www.greenit.fr/2022/01/04/5-gestes-pour-reduire-efficacement-son-empreinte-numerique-au-bureau/

12 https://weeefund.fr/

13 Tincq B. et de Temmerman G., « Les Solutionnistes : une newsletter climat garantie net zéro bullshit », 21 février 2023 : https://solutionnistes.substack.com/p/les-solutionnistes-une-newsletter

FINALEMENT, NOUS NE POUVONS PAS CONCLURE…

1 « "Comme disait Churchill : 'Il ne faut jamais gâcher une bonne crise' "– tribune de Jean-Marc Palhon dans *Le Monde* », extendam.com : https://extendam.com/fr/articles/comme-disait-churchill-il-ne-faut-jamais-gacher-une-bonne-crise-tribune-de-jean-marc-palhon-dans-le-monde

2 Carlsson Kanyama A., Nässén J. et Benders R., « Shifting expenditure on food, holidays, and furnishings could lower greenhouse

gas emissions by almost 40% », *Journal of Industrial Ecology*, vol. 25, nº 6, 19 juillet, 2021.

3 Dubesset E., « Climat : les hommes pollueraient plus que les femmes », *La Croix*, 23 juillet 2021 : https://www.la-croix.com/Climat-hommes-pollueraient-femmes-2021-07-23-1201167620

4 « Clemenceau face à l'éphémère président Deschanel », *L'Histoire en citations* : https://www.histoire-en-citations.fr/citations/clemenceau-face-a-lephemere-president-deschanel

AVEC MES REMERCIEMENTS…

À l'heure de finaliser le manuscrit de ce livre, il me paraît indispensable de remercier toutes les personnes qui ont, de près ou de loin, contribué à ce projet d'écriture. Je vais forcément en oublier et je m'en excuse par avance.

Tout d'abord, je souhaite remercier les différentes équipes de humenSciences pour leur travail d'accompagnement, leurs conseils et pour m'avoir convaincu d'écrire un livre plus personnel que ce que j'avais imaginé au départ.

J'ai la chance d'avoir des amis proches qui ont participé à certaines de mes aventures scientifiques et humaines, et qui continuent à me nourrir de leurs expériences. À travers ces quelques lignes, je souhaite remercier mes amis : Roland Lehoucq, Isabelle Ryl, Rodolphe Gelin, Alain Beauvillard et Christophe Joussot-Dubien qui accompagnent depuis tant d'années nos discussions passionnées parfois jusqu'à tard le soir.

J'ai aussi la chance d'avoir des collègues inspirés et inspirants avec qui j'échange parfois. Ils sont à la base de certaines idées ou concepts que j'ai essayé de mettre en évidence. Merci donc à Maxence Cordiez, Bertrand Charmaison, Étienne Klein, Elsa Cortijo, Cédric Denis-Rémis et Greg de Temmerman pour leurs contributions, directes ou indirectes, à cet ouvrage.

Et puis ce livre existe aussi du fait de la bienveillance et de la pédagogie de mes collaborateurs de la direction des programmes énergies du CEA qui, au quotidien, me permettent de découvrir de nouveaux sujets scientifiques et techniques en réponse aux grands enjeux des énergies bas carbone. Certains ont même été les relecteurs de quelques chapitres, j'ai modestement tenté de mettre en avant leur rigueur scientifique et la pertinence de leur analyse.

Enfin, merci à vous, *Homo energeticus* lecteurs, d'avoir eu la patience d'aller au bout de ce livre en espérant avoir suscité un débat constructif.

« Le temps emporte tout, l'énergie comme le reste », écrivait Virgile dans les *Bucoliques*, un siècle avant notre ère. Réfléchissons collectivement pour que cela ne soit pas l'énergie qui finalement nous emporte.

Création graphique et mise en page : Soft Office

Reproduit et achevé d'imprimer
par Normandie Roto Impression s.a.s.
en septembre 2023.
Numéro d'imprimeur : 2303767

Imprimé en France.

PEFC
10-31-2541
Certifié PEFC
Ce produit est issu de forêts gérées durablement et de sources contrôlées
www.pefc-france.org